译文经典

自我与本我

Ego & Id

Sigmund Freud

〔奥〕西格蒙德·弗洛伊德 著

张唤民 陈伟奇 林尘 译

上海译文出版社

译者序

弗洛伊德这个名字，对国内读者来说，也许并不算太陌生。至少有不少人听说过有这么个人及其如此这般耸人听闻的精神分析理论。然而，他的理论的真正内容却鲜为人知。解放前，商务印书馆曾翻译出版过他的一些著作。建国后，由于种种原因，国内学术界对弗洛伊德的研究十分贫乏，至于普通读者则更少有条件问津了。

前不久，译者偶尔与人谈及翻译出版弗洛伊德的著作，发现对方的反应竟不下于"谈虎色变"：在有些人心目中，弗洛伊德似乎类同于那些写黄色小说的作家，他的理论即便对学术界人士，也像国外那些不宜给儿童看的电影一样，最好是不要涉足。其实，这些想法都是出于不了解弗洛伊德理论真实内容而引起的误解。只要我们研读了他的著作，哪怕是一篇短文，就会发现，这些误解和疑虑是完全不必要的。

西格蒙德·弗洛伊德，1856年生于现在的德意志联邦共和国境内的弗莱堡。三岁时，全家迁居维也纳。1873年入维也纳大学学医，专攻神经病学，后不久开始从事精神分析的研究。目前国际上公推弗洛伊德为精神分析学的创始人，也就是说，精神分析学的创立已经有一个世纪之久了。

弗洛伊德一生著述甚丰。他的第一部著作《歇斯底里研究》是与布罗伊尔合著的，发表于1895年。该书被称为一部划时代的著作，它奠定了弗洛伊德研究的基础。1899年，弗洛伊德发表了他那后来才成为举世闻名之作的《释梦》，然而当时无论在维也纳还是在国外，都没有引起什么人的重视。人们仅仅把他提出的理论观点当作耸人听闻的奇谈怪论而已。

只是到了1905年，他的《性欲理论三讲》一书发表，这才真正引起世人的重视。这是他的第一部问世伊始即受到重视的著作。非但如此，它还在所谓的伦理学家中掀起了一场轩然大波。这些人对弗洛伊德及其理论表示出极大的愤慨和敌意。一时间，弗洛伊德成了德国科学界最不受欢迎的人。可是，这些并没有使他气馁和退缩，他依然潜心研究，并不急于反驳，而是不断地提出新的证据。

1908年4月，荣格创立了国际精神分析学会，在萨尔茨堡召开了第一届国际精神分析大会。直到这时，精神分析学和它的创始人——弗洛伊德才正式得到了国际学术界的认可和重视。从此，精神分析作为一门科学在世界各地迅速发展起来。国际精神分析学会成立50年后，已经拥有了三十个分会。如今，人们已不再把弗洛伊德的理论当作异端邪说。弗洛伊德本人也成了举世公认的著名心理学家。

正是本着严肃的科学探讨精神，我们在这里选译了他后期发表的三篇主要著作：《超越唯乐原则》，《集体心理学和自我的分析》以及《自我与本我》。这三篇著作比较集中、概括地反映了弗洛伊德晚年成熟的理论，也是他后期对整个人的心理所作哲学思考的结果。与其早期研究相比较，这三篇著作尤其显著地体现了他在理论研究上达到的较高成就。

弗洛伊德最初是作为一个神经病学家和精神科医生来从事研究的。他的研究对象是歇斯底里症患者一类的非正常人，课题便是这些人的反常行为。他发现，这类患者的反常行为并非单纯的、无目的和无意义的，而是有着特定的形成原因。因此，他认为，精神科医生的任务不是去寻找这些病症的生理原因，而是去发现它们的心理原因。一旦获得这种发现，便有了治愈这些疾病的条件。弗洛伊德根据研究发现，这些病的起因与病人的某些无法被人接受、无法得到实现的愿望有关。这是一种"性"的愿望，它的形成可以追溯到人的幼年期。他认为，人早在幼年期就已经有了性欲。古希腊神话中的奥狄帕司，无论怎样回避，最终还是逃脱不了恋母弑父的下场，这象征他对他的母亲有一种本能的依恋欲望。同样，在儿童身上也存在着类似情形：男孩依恋母亲，女孩依恋父亲。弗洛伊德把前一种情况称作奥狄帕司情结，后一种情况称作伊赖克辍情结。但是，由于客观条件的限制，儿童的这些不现实的愿望不可能得到满足，因而产生了压抑。这些失败的经历随着时间的流逝非但没有被忘却，反而一直被下意识地保留在内心深处。它们就像活的火山那样积聚着能量，直到有一天突然爆发，这便引起神经症的发作。像梦这一类现象，实际上是通过象征的形式将这些愿望表现出来，并使其得到满足。弗洛伊德指出，若是将患者内心深处的思想分析、诱导出来，那将在治疗上取得一定的效果。

这些就是弗洛伊德早期研究的方向。可以看出，他这时的研究基本上还未超出神经精神病学的专科研究范围。然而，到了1905年之后，他的研究进入了人们通常划分的后期阶段。这时，他明显地开始认识到自己的发现具有更加广泛的意义，他的学说对人类问题提供的解释远远超出了神经精神病学的狭隘范围。因此，我们认为，他晚期的立足点越来越高，探讨的问题越来越一般化，研究的对象从神经症患者扩大到了整个人类。从这个角度看，弗洛伊德使他的研究哲学化了，他的理论成了一种哲学。我们选译的三篇著作正是集中反映了这些特征。

《超越唯乐原则》发表于1920年。它的大致内容是，人们原先以为，决定人的行为的主要动力是唯乐原则，也就是寻求快乐和满足。因为这是由人的本能决定的。可是，弗洛伊德经过研究移情现象发现，除了唯乐原则，还有一条更基本、更符合人的本能的原则，它的作用超出了唯乐原则。这就是强迫重复原则。它要求重复以前的状态，要求回复到过去。这也正是由本能决定的。在此，弗洛伊德提出了他对本能的独特见解。他认为，本能所表现出来的倾向并不是像人们普遍认为的那样，是积极的、发展的、促进变化的。相反，本能是生物惰性的表现。它要求回复到事物的初始状态，因而是保守的。像人这样的有机体，其所源出的状态是无机状态，人身上那种具有保守倾向的本能所要求恢复的正是这种无机状态，所以这种本能实际上就可称之为死的本能。除了死的本能之外，人身上还有另一种作用完全相反的本能，它要抗拒死亡，要使生命得到保存和更新，我们可称它为生的本能。弗洛伊德认为，真正的生的本能就是性本能。因为它导致繁殖，导致新生命的诞生，并使人类的生命历程得以延长。生的本能是建设性的，而死的本能是破坏性的。由于这两种本能作用相反，又始终同时并存，这就使得人的生命运动历程总是带着动荡不定的节奏。这种矛盾从生命一产生就存在了，它就是那个使人大惑不解的生命之谜。

在这篇著作中，弗洛伊德除了指出强迫重复原则存在之外，还第一次把本能概括成上述两大类，并指出它们的对立作用，这不能不说是人类对本能的认识史上的一个新里程碑，也是给后来的研究者印象极深的一个重要观点。

翌年，弗洛伊德发表了《集体心理学和自我的分析》。它的主题是说明集体心理学的本质。一个最显著的集体心理学现象是：当一个人处在某个集体中时，他会丧失自己原来的性格特点。他会变得感情用事、责任心下降、良心消失、智能减退。他身上原来被压抑着的那些无意识本能现在统统得到释放，会使他干出一些以前不会干、或者不敢干的事情，这些行为是不符合他原来的性格的。以往研究集体心理学的专家，为了说明这种现象的形成原因，一直在寻找构成集体的关键因素，认为惟有它才是使个人进入集体后会出现诸如此类现象的原因。可是，弗洛伊德认为，他们在寻找这个关键因素时却走错了方向，因而没有得到正确的结果。他指出，真正的方向应该是着眼于集体中领袖与个人之间的联系。这种联系是一种"爱的联系"，用弗洛伊德的专门术语说，是"力比多联系"。这种力比多联系才是使集体得以构成和稳固存在的关键因素。这种爱虽然不是以两性结合为目的的性爱，但它仍属于性本能冲动的表现。在弗洛伊德看来，爱的核心是性爱，此外还包括对双亲、对子女、对朋友的爱，以及对某一抽象观念的爱。后一类爱也同性爱一样是性本能冲动的表现，只是它们原来的那种要求两性结合的目的被转移了，或被抑制了。因此，也可以说，性本能其实分作两类：一类是其目的未受抑制的，一类是其目的受到抑制的。而在一个集体中把众多个人联结在一起的纽带，正是这后一类性本能所表现出来的情感联系。

这个理论显然是弗洛伊德早期用性来解释神经症的观念的推广和扩张。他不仅用性的原因来说明歇斯底里患者的反常行为，而且还用它来解释正常人之间的相互关系，使它成为人与人之间关系的核心力量。

《自我与本我》最初发表于1923年。它可以说是弗洛伊德最后一篇重要著作。国际学术界人士认为，它对人的心理及其活动的描述不仅是新颖的，而且是革命性的。至少在使用的术语上看，这部著作发表后的所有精神分析著作无一不带有它的烙印。

在该书中，弗洛伊德对人的心理作了专门的分析。首先心理可分成两部分：自我和本我。本我是最原始的、无意识的心理结构，它是由遗传的本能和欲望构成的。在本我中，充满着发自本能和欲望的强烈冲动，它们始终力图获得满足。因此，本我其实是一种非理性的冲动，它完全受唯乐原则的支配，一味地寻求满足。自我是受知觉系统影响经过修改来自本我的一部分。它代表理性和常识，接受外部世界的现实要求。因此，它根据唯实原则行事。它的大部分精力用以控制和压抑来自本我的非理性冲动。它主张克制，但不否定本能的要求。它提倡通过迂回的途径来满足这种要求。自我与本我的关系就像骑手与他的马的关系。其次，在自我中还能作进一步的区分，这就是分作自我和自我的典范。这种区分在《集体心理学和自我的分析》一书中已经提出了，不过，在本书中后者又被进一步明确为超我。超我是人性中高级的、道德的、超个人的方面。它也是人们通常说的良知、自我批判能力一类的东西。它代表人内心中存在的理想的成分，因此也叫自我的典范。它以良知的形式严格支配着自我。

弗洛伊德在以上三篇著作中提出的观点在心理学理论上是重大的突破，因此很值得重视和研究。然而，指出它们的重要性并不就是提倡全盘地接受和肯定它们。在我们看来，这些观点中存在着十分明显的错误倾向，它们突出地表现在以下几个方面。首先是泛性论倾向。弗洛伊德早期用性本能的作用来解释神经症的起因，在那个特定的领域中这也许可以说是一个重大发现，至少可算是颇有创见的一家之言；否则，他不会成为国际公认的精神病专家。可是，他在后期却进一步用这个理论来解释一切人的行为，乃至人与人之间的关系，这就流露出十分清楚的泛性论倾向。其次，他的理论也是一种非理性主义的理论。他把非理性的情绪、本能、欲望提高到了首要的地位，把它们当作决定人的一切行为的基础和动力。第三，当他把本能、欲望等一些先天遗传的心理倾向作为人的行为的决定因素时，忽略了外部世界、社会环境和生活条件对人的行为所起的决定性影响。从这方面看，他的思想有着唯心主义的倾向。

从普遍的范围看，我国对弗洛伊德理论的研究还刚刚开始，科学的实事求是的批判探讨工作有待于随着研究的深入而展开。如果我们的译本能为这种科学的研究和探讨工作提供哪怕是一点点的帮助，我们将感到莫大的欣慰。

本书译自英译本的《弗洛伊德心理学著作标准版全集》第十八、十九卷。这是国际公认的比较准确、学术性较强的版本。编者在编纂过程中附加了许多说明性、比较性、提示性的注释，对理解弗洛伊德思想及其发展过程有很大帮助。本译本保留了所有这些注释，并用方括号表示，以区别于原著者的注释。

本书中的《超越唯乐原则》和《集体心理学和自我的分析》由林尘翻译，《自我与本我》由张唤民、陈伟奇翻译。承蒙陈泽川先生的鼎力襄助，百忙中审校了《超越唯乐原则》和《自我与本我》，贾谊诚先生对本书的译文提出了许多宝贵的意见，在此深表谢意。

林　尘

目 录

超越唯乐原则

第一章

在精神分析理论中，我们十分肯定地认为，心理事件经历的过程是受唯乐原则自动调节的。也就是说，我们相信，这些心理事件的过程所以会发生必定是由某种不愉快的紧张状态引起的。这种过程的发展方向是要达到最终使这种紧张状态消除的结果，即达到避免不愉快或产生愉快的结果。为了在考察我们的研究主题——心理过程时把上述过程也考虑在内，我们正在把一种"经济的"观点引入到研究中来。如果在描述心理过程时，我们除了估计"局部解剖学的"和"动力学的"因素以外还设法估计这种"经济的"因素，那么我认为，我们所提供的将是对这些过程迄今所能给予的最完整的描述，这种描述堪称"元心理学的描述"。①

在我们看来，我们通过这个唯乐原则在多大程度上接近或采纳了某个特殊的、历史上业已被接受的哲学体系，这是毫无关系的。我们是通过试图描述和解释自己的研究领域中日常观察到的事实而获得这些思辨性的假设的。优先和创见，并不是精神分析工作为自己规定的目标；而构成唯乐原则假设的基础的那些印象如此明显，几乎不能被忽视。不过，我们也非常乐意对这样一些哲学理论和心理学理论表示感谢：它们能使我们了解如此强制地影响着我们有关愉快和不愉快情感的意义。然而，遗憾的是，在这方面我们并没有获得什么中肯的指教。这是一个最模糊、最令人费解的心理领域。既然我们不能回避对它的研究，那么在我看来，最不僵化的假设将成为最好的假设。 我们已经决定把愉快和不愉快同那种不是以任何方式"结合"②在心中的、而是存在于心中的兴奋量联系起来考察。联系的方式是：不愉快与兴奋量的增大相一致；而愉快则与兴奋量的减少相一致。我们进行这种联系并非暗示：愉快和不愉快情感的强烈程度与兴奋量的相应变化之间是一种简单的关系。鉴于从心理生理学那里得来的认识，我们根本不打算提出任何正比例关系：决定这种情感的因素可能是一般特定时间内兴奋量增加或减少的数量。这里，实验可能发挥了一定的作

---

① ［请参阅《无意识》（1952 年 e）第 4 节。］

② ［兴奋"量"和"结合"的概念，贯穿于弗洛伊德的全部著作中。在早期写的《规划》（1950 年 a［1895 年］）可以找到有关这方面可算是最详细的讨论。尤其是该书第 3 章第 1 节的结尾部分有关于"结合"一词的长篇讨论。］

用，然而在我们分析学者看来，要是没有十分确定的观察事实的指引，深入地讨论这个问题是不合适的。①

然而，我们不能继续对这样一个事实视而不见，那就是一个具有深刻洞察力的研究者费希纳（G. T. Fechner）关于愉快和不愉快问题所持的观点在一切主要方面均与精神分析研究迫使我们相信的观点一致。费希纳的论述见于他的一本小册子中。该书书名是《关于有机体产生史和发展史的几点想法》（1873年，第11部分，附录第94）。他说："只要意识的冲动始终同愉快和不愉快保持着某种联系，那么我们也就能这样认为，愉快和不愉快与稳定和不稳定的状态之间存在着一种心理物理学的关系。这一认识为我打算在别处更详细地讨论的一个假设提供了基础。根据这个假设，每一种产生于意识阈限以上的心理物理运动，当它接近完全的稳定性并超出一定的限度后，就会相应地产生出愉快，而当它背离了完全的稳定性并超出一定限度后，就会相应地产生出不愉快。我们或许可把这两种限度称作愉快和不愉快的质的阈限。在这两种限度之间，存在着某种空白地带，即审美的平静状态……"②

那些使我们相信唯乐原则主导心理生活的事实同样也可以

---

① 〔这一点在本书第70页上再次提及，并在《受虐狂的心理经济问题》（1924年c）一书中得到进一步阐发。〕

② 〔参阅《规划》第1部分第8节结尾。这里"审美"一词是根据"与感觉或知觉有关"这种旧的含义使用的。〕

用这样的假设来表达：心理器官竭力要使它自身存在的兴奋量尽可能保持在最低水平上，或者至少使这种兴奋量保持不变。这个假设不过是对唯乐原则的另一种表述方式。因为，如果心理器官的作用是要将兴奋量维持在低水平上，那么，任何打算增大这种兴奋量的东西肯定就会被看作是违反心理器官功能的东西，亦即不愉快的东西。从常性原则出发，必然会得出唯乐原则。其实，常性原则（principle of constancy）是从那些迫使我们采纳唯乐原则的事实中推论出来的。[①]况且，一种更详尽的讨论还将表明，我们认为由心理器官产生的这种倾向也可作为费希纳的"寻求稳定性倾向"原则的一个特例。他已将愉快的情感和不愉快的情感同这个原则联系起来了。

但是必须指出，严格地说，唯乐原则支配着心理活动整个过程的观点是不正确的。如果确实存在着这样一种支配作用，那么绝大多数的心理过程就必定会伴随着愉快，或者说必定会导致愉快。然而，普遍的经验却与这种结论完全相悖。因此，

① ［"常性原则"的提出最早可追溯到弗洛伊德研究心理学的初期。布罗伊尔（Breuer）在他的《歇斯底里研究》（布罗伊尔和弗洛伊德合著，1895 年）一书的理论部分第 2 节末尾，（用半生理学的术语）对这个原则作了详尽讨论。这便是关于常性原则最早公开发表的内容。在该书中，布罗伊尔把常性原则定义为"一种保持大脑皮层内部兴奋不变的倾向"。在同一段落中，他指出，这个原则是弗洛伊德先提出的。事实上，弗洛伊德本人在更早的时候就在一二处地方简略地提及过这个原则，尽管这些内容直到他逝世以后才发表。（参阅弗洛伊德，1941 年 a［1892 年］，以及布罗伊尔和弗洛伊德，1940 年［1892 年］。）弗洛伊德在他的《规划》一书的篇首部分，以"神经性惰性"的名称，也对这个问题作了详细讨论。］

我们至多只能说，在人心中存在着一种趋向于实现唯乐原则的强烈倾向，但是它受到其他一些力或因素的抵抗，以致最终产生的结果不可能总是与想求得愉快的倾向协调一致。我们不妨比较一下费希纳提到的类似论点（1873年，第90页）："某种倾向趋向于某个目标并不意味着这个目标已经达到；而总的说来，这个目标又只能近似地达到，所以……"

如果我们现在转而探究哪些因素能阻碍唯乐原则实现的问题，便会发现自己再次处在一个很有把握并且十分熟悉的领域里。在作出解答时，有大量的来自分析的经验可供我们支配。

第一个表明唯乐原则以这种方式被阻碍的例子是经常出现而为人们所熟知的。我们知道，唯乐原则属于心理器官活动特有的基本活动方式，但是从处身于外部世界众多困难之中的有机体的自我保存角度来看，这种唯乐原则从一开始就是收效甚微、甚至十分危险的原则。在自我的自我保存本能的影响下，唯实原则取代了唯乐原则。①唯实原则并不是要放弃最终获得愉快的目的，而是要求和实行暂缓实现这种满足，要放弃许多实现这种满足的可能性，暂时容忍不愉快的存在，以此作为通向获得愉快的漫长而曲折的道路的一个中间步骤。但是，唯乐原则作为性本能的活动方式，长久而固执地存在着，而这些性本能又是极难"驯化"的，结果唯乐原则就是从这些本能出

---

① ［参阅《详论心理功能的两个原则》，弗洛伊德，1911年b。］

发，或者在自我本身中，经常挫败唯实原则，从总体上给有机体造成损害。

然而，用唯实原则来取代唯乐原则，显然只能解释少量的、并且不算是最强烈的不愉快的体验。在自我向更高度复合的组织发展时，在心理器官内部发生的冲突和矛盾中还可发现另一种也是经常出现的不愉快情感疏泄的状况。几乎心理器官具有的全部能量都来自其内部的本能冲动，但并非所有的本能冲动都有可能达到同一发展阶段。通常会一再发生这样的情形：个别的或部分的本能在其要求和目的方面与另一些能联合进入自我的包容性统一体内的本能不能协调一致，于是，前一类本能便通过压抑过程脱离了这个统一体，滞留在较低级的精神发展阶段上，因而一开始就失去了获得满足的可能性。如果这些本能后来通过迂回曲折的途径，艰难然而成功地得到了某种直接的或替代的满足（在被压抑的性本能身上很容易发生这类情况），那么，那个在其他场合本来会是一个获得愉快的机会的事件，在自我的感觉中，却是一种不愉快。由于旧的冲突以压抑而告终，一种新的违背唯乐原则的情况恰恰就在某些本能依据这个原则正力图寻求新的愉快时出现了。至于压抑使一种获得愉快的可能变成某种不愉快的根源时所依赖的那个过程的详细情况，人们还没有得到清楚的认识，或者说人们还未能给予清楚的表述。不过毫无疑问，所有神经症的不愉快都是属于这种性质的不愉快，即一种无法按愉快来感受的愉快。①

　　以上指出的两种不愉快形成的根源还远远不足以用来说明
我们感受到的大多数的不愉快体验。但就其余的那些体验而
言，我们似乎可以不无理由地断言，它们的存在并不与唯乐原
则占优势这一情况相矛盾。我们所体验到的大多数不愉快都是
知觉的不愉快。它可能是对未得到满足的本能所引起的压力的
知觉，要不就是一种或者其本身就是痛苦的、或者会在心理器
官中激起种种不愉快的期待的外部知觉。这种不愉快的期待即
是指被心理器官所认识到的"危险"。对这种本能的要求和危
险的威胁所作出的反应构成了心理器官的实际活动，因而就能
在正确的方式下得到唯乐原则或对唯乐原则有所修改的唯实原
则的指导。这样似乎就没有必要对唯乐原则作任何有重大影响
的限制。然而，研究对外部危险所作的心理反应，正可以提供
和提出一些与我们目前讨论的问题有关的新材料和新问题。

---

① ［1925 年增加的脚注：］显然，关键在于：愉快和不愉快作为有意识的情感，都
　　附属于自我。

第二章

有一种状态，它早已被人们认识到，并且也被描述过，它往往发生在经受了严重的机械震荡、火车事故以及其他有生命危险的事故之后。人们把这种状态称作"创伤性神经症"。刚结束不久的那场可怕的战争造成了大量的这类疾病的患者。不过，人们至少已经不再把这种异常现象的原因归之于由机械力造成的神经系统组织的损伤。①创伤性神经症表现出来的诸多症状中有大量的相似运动性症状，这一点很接近歇斯底里病症的症状。但是，一般说来，它比后者具有更强烈显著的主体失调特征（这一点很像疑病症和忧郁症），而且还明显地带有更多的综合性一般衰弱现象和精神能力障碍现象。不管是战争性的神经症，还是和平时期发生的创伤性神经症，至今还未有人对它们作出完整的解释。在战争性神经症中有这样一种情况，同样的症状时常在没有任何巨大机械力介入的情况下出现。这个事实既给人以启发，又令人困惑不解。在普通的创伤性神经症中，存在着两个显著的特征：第一，构成其病因的仿佛主要是惊愕和惊悸的因素；第二，某种同时遭受的损伤或伤害通常会对神经症病状的发展起反作用。①

"惊悸"、"恐惧"和"焦虑"②这几个词被人们不恰当地当作同义词使用，其实它们在与危险的关系上具有十分明显的区别。"焦虑"指的是这样一种特殊状态：预期危险的出现，或者是准备应付危险，即使对这种危险还一无所知。"恐惧"则需要有一个确定的、使人害怕的对象。然而"惊悸"则是我们对人所遇到的如下情况进行描述的用语：一个人在陷入一种危险时，对这种危险毫无思想准备。"惊悸"一词强调的是惊愕的因素。我以为焦虑不会导致创伤性神经症。因为焦虑具有某种保护主体使其免受惊悸的作用，所以不至于引起惊悸性神经症。后面我将回过头来讨论这个问题。③

我们可以把对梦的研究看作是探讨内心深处心理过程的最

---

① 请参阅：弗洛伊德、费伦采（Ferenczi）、亚伯拉罕（Abraham）、西梅尔（Simmel）和琼斯（Jones）关于战争性神经症的讨论（1919年）。[弗洛伊德为它撰写了导言（1919年d）。还可参阅弗洛伊德逝世后发表的《关于对战争性神经症电疗的报告》（1955年c[1920年]）。]

② [这三个词的德文原文是"Schreck"，"Furcht"和"Angst"。]

③ [其实弗洛伊德根本没有始终坚持他在这里作的区分。他时常用"焦虑"（Angst）一词来表示某种恐惧状态，并且根本不涉及未来。在这一段话中，看来他开始区分两种焦虑，一如他在《抑制、症状和焦虑》（1926年d）一书中所作的那样。这两种焦虑中一种是对某种创伤状况作出的反应，它大相相当这里所说的惊悸；另一种则是作为因这类事件临近而产生的某种警告信号。还可参见他的"准备应付焦虑"一词的用法，第31页（原书页码）。]

可靠方法。创伤性神经症患者的梦通常具有这样的特征：在梦中，患者反复地梦见他所遭遇过的事故情境。这种情境再次使他感到惊悸不已，以致从梦中惊醒。人们对这一点几乎完全不感到惊奇，他们认为，创伤性的经历甚至在睡梦中也不停地对患者施加压力的事实，证明了这种经历强烈有力，并使患者固着于它。我们在研究歇斯底里病症时，就已熟悉患者固着于使他发病的经历的现象。1893 年，布罗伊尔和弗洛伊德曾经宣称，"歇斯底里患者主要是受着回忆之苦"。[①]费伦采和西梅尔也早已能用患者对创伤发生时刻状况的固着来解释战争性神经症中的某些运动性症状。

但是，我没有发现创伤性神经症患者在醒着的时候也经常地回忆他们所遭遇过的事故。或许他们更关心的是不要去想这些事。如果有人以为，创伤性神经症患者的梦应该把他带回到引起他发病的情境中去，并且还把这看作是一种不言自明的事情，那他已是误解了梦的性质。假如梦给患者展现的是一些有关他得病之前身体健康状态的图景，或者是他希望得到治愈的图景，那就比较符合梦的性质了。如果我们不想由于创伤性神经症患者的梦而动摇我们关于梦的要旨是满足愿望这一信念，那么我们还可以考虑一种方法：我们或许可以论证，在这种情况下，梦的功能，一如其他许多功能一样，被打乱了，它偏离

[①] ［参见《歇斯底里现象的心理机制》第 1 节结尾。］

了它的本来目的。或者我们可能被迫去思索自我的那种神秘莫测的受虐狂倾向。①

在这里，我打算撇开创伤性神经症这个模糊而沉闷的课题，来探讨一下心理器官在一种最早期的常态活动中所采用的活动方式，这种最早期的常态活动是指儿童的游戏。

人们对儿童游戏所作的各种不同的理论解释，只是最近才由普法伊费尔(Pfeifer)(1919 年)从精神分析的角度进行了讨论，并给予了总结。我愿向我的读者推荐他的论文。解释儿童游戏的各种理论力图发现引起儿童做游戏的动机，但是它们却没有把经济的动机，即对做游戏而产生愉快的考虑放在突出的重要地位。我并不想对包含这类现象的整个领域作出论断，只是通过一个偶然的机会，我才能对一个一岁半小男孩自我发明的第一个游戏提出某种见解。这种见解并不仅仅是短暂观察的结果，因为我与这个孩子及其双亲一块住了好几个星期，并且不是马上而是住了一段日子之后，我才发现他的那个不断重复而又令人不解的活动所包含的真实意义。

这个孩子在其智力发展方面根本不属于早熟的类型。在一岁半的时候，他只会说几个能被人理解的词，也能发出一些声音来表达他周围的人可以理解的意思。但他与他的父母以及一

---

① [这后一句话是弗洛伊德 1921 年增加的。所有这些内容可参阅《释梦》(1900年 a)，《标准版全集》第 5 卷第 550 页以后。]

个年轻的女仆相处得很好，他们都称赞他是一个"好孩子"。夜晚他并不打扰他的父母，而且规规矩矩地听从大人的劝告：不乱碰某些东西，不随便进入某些屋子。尤其是，当母亲离开他好几个钟点时，他也从不哭叫。同时，他又极依恋他的母亲，因为她以前不仅亲自哺育了他，而且亲自照看他，不用旁的帮手。可是这个好孩子却有一种偶尔会给人带来麻烦的习惯：他常常喜欢把凡是能拿到手的小玩意儿扔到屋子的角落里，扔到床底下等这一类地方。结果寻找和拾捡这些东西常常成为要忙乎的事情。他一面扔东西，一面口中还要拖长声调喊着"噢—噢—噢—噢"。同时脸上带着一种感兴趣和满足的表情。孩子的母亲和笔者都认为，这不是随随便便的叫喊，而是代表德文"不见了"这个词的意思。后来，我终于弄明白了，这是一种游戏，对这个孩子来说，他所有的玩具的惟一用途就是用来玩"不见了"的游戏。一天，我作的一次观察进一步证实了我的想法。这孩子有一只木制的卷轴，上面缠着一根绳子，他从未想到可以将这只卷轴拖在地板上，比如当作一辆车子拖着玩。他只是抓起系在木轴上的绳子，提起木轴然后熟练地将它扔过用毯子蒙着的、自己的小摇床的栅栏，使木轴消逝在小床里。与此同时，他嘴里喊着"噢—噢—噢—噢"。然后又抓着绳子把木轴从小床里拖出来，嘴里还一面高兴地叫着，"嗒！"["在这儿"的意思]于是，这就构成了一个完整的游戏——丢失和寻回。虽然第二个行为无疑会产生更大的愉快，但一般说来，人们只观察到第一个行为，孩子将第一个行为本身作为一场游戏，不知疲倦地玩着。①

这样一来，对这个游戏的解释就变得很清楚，它同这个孩子在自身修养方面所取得的巨大进展有关，也就是说同他在毫无抗议地允许母亲离开时所作的本能的自我克制（即本能满足方面的自我克制）有关。他好像是在通过导演一场使控制在自己手中的对象消失不见随后又重现的游戏来补偿这一点。当然，从判断这场游戏的实际性质来看，它究竟是孩子自己发明的、还是从别人那儿学来的，乃是无关宏旨的。我们的兴趣是在另一方面。这孩子不可能把母亲的离开视作一桩令人高兴的或没有什么大不了的事。那么，他把这种令人苦恼的体验当作游戏来反复重演，这一现象何以能符合唯乐原则呢？也许有人会解释说，必须扮演母亲的离去，因为这是她那令人高兴的返回的必要准备，这个游戏的真正目的在于：他能高兴地看到母亲的返回。但是必须看到，下述观察无法与这种解释相一致：第一个行为，即母亲离去的行为，本身就被当作一场游戏不断地被重复着，较之那包括母亲返回的愉快结局在内的整个游

---

① 后来进一步观察到的一个情况完全证实了这种解释。一天，这个孩子的母亲离开他外出几个小时，当她回来时，听到他喊着"小宝贝，噢—噢—噢—噢！"开始她还不明白这是什么意思，但很快便发现，这个孩子在他这段较长时间的孤独中已经学会了一种使自己不见的方法。他在一面一人高的穿衣镜里发现了自己的影像，因这面镜子的底边未及地面，所以他能够蹲下身子使自己在镜子里的影像"不见了"。[在《释梦》一书中，我们可以找到有关这个故事的更详细的论述。参阅《标准版全集》第 5 卷第 461 个注。]

戏，它发生得远为频繁。

　　单单从这样一个例子的分析中，还无法作出肯定的结论。从不存偏见的角度看，人们可以获得这样的印象：这个孩子是出于另一种动机才把他的体验转变成一种游戏的。起初，他处在一种被动的地位——他完全被这种体验压倒了，但是通过将这种体验当作一场游戏来重复，尽管这是一种不愉快的体验，他却因此取得了主动的地位。这些行为或许是由某种要求控制他人的本能引起的，而这种本能之发生作用是不以记忆本身是否愉快为转移的。但是，也许有人会试图对此作另一种解释：那种扔掉东西以使它"不见了"的行为可能是为了满足儿童的某种冲动，即要为自己对母亲离他而去的行为进行报复的冲动。这种冲动在他的实际生活中是受到抑制的。在这种情况下，这种行为可以含有挑战的意思："那么好吧，去你的吧！我不需要你，让我自己来把你打发走。"一年之后，也就是那个我曾观察过的小男孩，当他生某个玩具的气时，首先想做的事往往是抓起这个玩具，把它扔在地板上，口中喊道："滚到前线去！"因为那时他已经听说，他的父亲不在家中而是"去了前线"。父亲的离去一点也不使他难受，相反，他的行为清楚地表明：他不想要别人来打搅他独自占有母亲的状况。[①]我们

---

① 当这个孩子长到五岁零九个月时，他母亲去世了。这次母亲真的"不见了"（即"噢—噢—噢"）。这孩子一点也未流露出伤心的样子。因为事实上这几年中，他的母亲又生了一个孩子，这引起了他莫大的嫉妒。

知道有这样一些儿童，他们喜欢把东西当作人来丢掉，以这种行为来表达类似的敌意冲动。[①]因此，我们便对下述问题犹疑不定：那种在人心中重演某个使人无法抵抗的体验、以便通过这种途径来控制这种体验的冲动，是否能表现为一种基本的、并且不受唯乐原则影响的事件。在我们刚才讨论的例子中，那个孩子也许毕竟只能在游戏中重复他的不愉快的体验，因为这种在游戏中的重复行为会产生另一种类型的愉快，但仍然是直接的愉快。

如果我们对儿童游戏作进一步的研究，也仍将无助于使我们摆脱在这两种观点之间的犹豫不决。显然，儿童们在游戏中重复每一件真实生活给他们留下深刻印象的事情，在这样做时，他们发泄印象的力量，并且，如有人会认为的那样，使自己成为这种事情的主宰。但是另一方面，十分明显的是，他们所有的游戏都是受到一种愿望的影响，这种愿望始终支配着他们，那就是快快长成大人，以便能做大人所做的事情。我们也可以观察到，一种其性质是不愉快的体验并非始终不适合成为游戏的内容。如果一个医生窥探一个孩子的喉咙，或给他动一个小手术，那我们可以肯定，这些可怕的体验将成为下一个游戏的主题。然而在这一方面，我们务必不要忽略这样的事实：这类游戏也会从另一种根源中产生出愉快。因为这个孩子从这

---

① 请参见我关于歌德童年回忆的笔记（1917 年 b）。

种体验的被动接受者转变成这种游戏的主动执行者，这样一来就把这种不愉快的体验转嫁到了他的小伙伴身上，他以这种方法在一个替身的身上进行了报复。

不过，上述讨论毕竟说明了这样一点：不必为了寻找引起游戏的动机而去断言，存在着一种特殊的模仿本能。而最后，还可以补充一点以为提醒：成年人所做的艺术的游戏和艺术的模仿，与儿童的那些行为不同，是以观众为自己的目标的。它们并不为观众略去极度痛苦的体验（例如在悲剧中便是如此），然而能使他们感受到极度的欢悦。[①]这是一个令人信服的证据，它表明，即便在唯乐原则占优势的情况下，也存在着某些方法和手段，足以使本身并不愉快的事情成为人心中追忆和重复的主题。对于这些有愉快情感的产生为其最终结果的事例和情况的研究，应该由某个美学的体系用一种经济地探讨主题的方式来进行。就我们的目的来说，这些事例和情况是毫无用处的。因为它们预先假定了唯乐原则的存在，并承认它占优势。它们没有提供丝毫的证据证明：有某些超越唯乐原则的倾向在起作用，也就是说，有某些比唯乐原则更基本、而且不依赖于唯乐原则的倾向在起作用。

---

① ［弗洛伊德在他逝世后发表的《论舞台上的变态心理性格》（1942 年 a）一文中，对这个问题作了详细的研究，这篇文章大约写于 1905 或 1906 年。］

第三章

　　经过二十五年的认真努力的工作，今天精神分析技术的直接目的已经与它初创时期的情形完全不同了。起初，从事精神分析的医生所要做的工作只是在于：从病人身上去发现病人所不自觉的无意识的东西，把它们整理成完整的内容，在适当的时候告诉患者本人。那时，精神分析首先是一种解释的技术。由于这种目的并不能解决治疗上的问题，所以很快又出现了另一个目的，即迫使患者承认分析者根据患者自己记忆中的材料构造起来的事实。在这种工作中，关键的是对付患者的抗拒。因此，目前的技术就在于尽快地揭示出这种抗拒现象，向患者指明这种抗拒，并通过人的影响——这正是具有"移情"作用的暗示发挥作用的地方——来诱使患者放弃他的抗拒。

　　可是，人们越来越清楚地看到，使用这种方法并不能完全达到精神分析为自己确立的那个目的——将无意识的东西变成能意识的东西。患者无法完全回忆起被压抑在心中的内容，而他不能回忆起来的那部分内容也许正是实质性的东西。因此，他对于别人告诉他的那些正确地构造起来的东西无法产生信服感。他被迫将被压抑的东西当作当下的体验来重复，而不能像医生所期望看到的那样，把这些被压抑的东西作为过去的经历来回忆。①这些再现的东西出现时，带着人们并不希望有的那种精确性，它们始终以某些幼儿期性生活的内容，也就是某些奥狄帕司情结及其衍生现象作为自己的主题，它们必定会在移情的范围内，在患者与医生的接触中表现出来。当事情发展到这一阶段时，我们也许可以认为，早先的神经症现在已经被一种新的神经症取代，这便是"移情性神经症"。把这种移情性神经症控制在最狭小的范围内，这已经成为医生的主要工作：尽可能迫使患者进行回忆，尽可能不要使其陷入重复状态。回忆内容与复现内容之间的比例是因人而异的。一般说来，医生是不能使他的病人免去这个治疗阶段的。他必须迫使病人去重新体验某段早已忘怀了的生活，但另一方面也要注意使他在一定程度上处于冷淡的状态，不管怎样，这将有助于他认识到，

①　参阅我的论文《论回忆、重复和贯彻到底》（1914 年 g）。［在这篇论文中，可以发现弗洛伊德早先提到的"强迫重复"，这是本书讨论的主题之一。以下几行文字中在特定意义上使用的"移情性神经症"一词，在这篇论文中也曾出现过。］

看来似乎是在现实中出现的东西事实上不过是一段早已忘怀的过去生活的反映。如果能够成功地做到这一点，那么就可以使患者产生信服感，从而也可以获得以这种信服感为基础的治疗上的成功。

为了更加容易地理解在神经症的精神分析治疗中出现的"强迫重复"现象，我们首先必须摆脱这样的错误观点：我们在克服抗拒现象时遇到的是来自无意识方面的抗拒。无意识的东西——也就是被压抑的东西，根本不会对治疗的努力产生任何抗拒。实际上，这种被压抑的东西本身的努力不外是要打破它自身所承受的沉重压力，并且力图使自己要么转变成有意识的东西，要么通过某种实际的行动释放出来。在治疗过程中出现的抗拒现象，是在那最初造成压抑的心灵的同一个较高层次和系统上产生出来的。但是，我们从经验中得知这样一个事实：抗拒的动机，以及实际上就连抗拒本身，在治疗过程中最初也是无意识的。这一事实启示我们：应该克服我们的专用术语中存在的一个缺陷。假如我们不是在有意识的东西和无意识的东西之间进行比较，而是在现实清晰的自我①和被压抑的自我之间进行比较的话，那就会避免缺乏清晰性的缺陷。诚然，

---

① 〔这种把自我看作是一种具有一定功能的、现实清晰的结构的观点，似乎可以追溯到弗洛伊德《规划》一书中去。例如，可以参见该书（弗洛伊德 1950 年 a）的第 1 部分，第 14 节。在《自我与本我》（1923 年 b）一书中，弗洛伊德又提出了这个问题，并且作了进一步的发展。尤其可参阅该书第 1 章和第 2 章结尾部分。〕

自我的绝大部分也是无意识的，尤其是被描述成核心的那部分。在自我中，只有很小的一部分可以用"前意识"一词来形容。①如果用一种系统性或动力学的术语来代替纯描述的术语，我们就可以说患者的抗拒产生于他的自我。②于是我们就马上认识到，必须把强迫重复归之于被压抑的无意识部分。看来很可能是在治疗工作已经进行到半途之后，在压抑作用已经被解除之后，③这种强迫才能表现出来。

毫无疑问，有意识的和无意识的自我产生的抗拒是在唯乐原则的支配下发生作用的：它目的是要避免不愉快，这种不愉快是由被压抑的部分得到解放而产生的。但是，另一方面我们的努力的目标则是通过诉诸唯实原则来取得对这种不愉快的忍耐。然而，这个强迫重复的现象，即被压抑的东西的力量的表现，又如何与唯乐原则联系起来呢？显然，在强迫重复的作用下所重新经历的绝大部分体验必定会使自我感到不愉快，因为它暴露了被压抑的本能冲动的活动。可是，那种不愉快是我们早已考虑到的，并且并不与唯乐原则相冲突：对于某个系统来

---

① [这句话是从 1921 年开始采取现在这种形式的，在第一版（1920 年）中，它是这样的："自我的大部分可能是无意识的，或许只有一部分可用'前意识'一词来形容。"]

② [在《抑制、症状和焦虑》（1926 年 d）一书的第 6 章中，我们将看到弗洛伊德对抗拒的根源所作的更充分、然而却与现在有所差异的说明。]

③ [1923 年增加的脚注：]我在别处曾经论证道，有助于这种强迫重复的因素是治疗过程中的"暗示"——也就是患者对医生的顺从，这种顺从的根源深植于他的无意识的亲本情结之中。

说的不愉快，同时对于另一个系统来说就是一种满足。[①]但我们现在遇到了一个新的、异常显著的事实，即强迫重复也能使人回忆起过去的一些不包含任何产生愉快的可能性的体验，这些体验甚至在很久以前也从未给一直受压抑的本能的冲动带来过任何满足。

早期幼儿性生活的兴起注定要结束，因为它的愿望与现实，与儿童所达到的那种未发育成熟的阶段是不相称的。这种兴起是在最使人忧伤的情况下告终的，同时还伴随着极度痛苦的情感。爱情的丧失和遭到的失败以一种自恋的创伤形式给自尊心造成了永久性的伤害。马尔西诺夫斯基（Marcinowski）（1918年）和我都认为，没有什么东西能比这种伤害对形成神经症患者普遍具有的那种"自卑感"有更大的作用了。儿童对性的追求，由于其身体发育状况而受到限制，从而终以得不到满足而收场。于是，其后就有这样一类的抱怨："我什么事都不能干；我什么事都干不好。"那种通常把男孩与其母亲或女孩与其父亲联结起来的爱的纽带，在失望中断裂，在徒劳地期待得到满足中断裂，或者是在对另一个新生儿的嫉妒中断裂——另一个新生儿的诞生正是他所爱对象不忠诚的明显证据。他以悲剧性的认真态度而作的亲自产生一个婴儿的努力，往往羞愧地

[①] ［参阅弗洛伊德在他的《精神分析引论》（1916—1917年）的开始部分比喻地使用"三个愿望"神话的内容。］

失败了。他得到的爱越来越少,教育对他的要求越来越高,以及严厉的言辞和间或受到的惩罚,最终都使他觉得,自己受到了莫大的嘲弄。这些情况是典型的、经常发生的,说明了幼儿期所特有的爱情是如何终结的。

患者在移情过程中重复所有这些讨厌的情境以及痛苦的感受,并且运用最大的机智力来使这些东西重现。他们力图在治疗进行到一半时就打断治疗;他们再次设法使自己感到被嘲弄,迫使医生严厉地对他们讲话和冷淡他们;他们为自己的嫉妒心寻找合适的对象;为了替代自己幼年时所热切盼望的婴儿,他们会做出赠人以某样贵重礼物的计划或诺言,但结果这种礼物通常仍是毫不现实的。在过去,所有这些事情都未能产生过愉快,也许可以设想,假如这些事情是作为回忆或梦境的内容,而不是以当下的感受形式出现,可能就不会使人感到多么不愉快。无疑,这些事情是企图得到满足的本能的活动。但是患者并没有从以前的这些非但未产生愉快反而引起不愉快的活动体验中汲取任何教训,①而是在某种强迫原则的逼迫下,身不由己地再三重复这些活动。

在某些正常人的生活中,我们也可以观察到精神分析工作在神经症患者的移情现象中所揭示的那些现象。这些正常人给人的印象是仿佛被某种厄运追随着,或者被某种"魔"力控制

————————

① 〔这句话是1921年增加的。〕

着。但是精神分析理论始终认为，这些人的绝大部分命运是由他们自己安排的，并且是由早年幼儿期的影响决定的。即使我们现在所说的这些人从未表现出这类症状，即通过形成某种症状来对付某种神经症的冲突，但是他们身上存在的明显的强迫现象却与我们在神经症患者身上发现的强迫重复现象丝毫没有两样。例如，我们发现这样的人，他们所有的人际关系都会落得同一结果：如一个施惠者，在其每一次恩举之后不久总要被他的受惠者愤怒地抛弃，不管这些受惠者在其他方面彼此可能存在多大差别。因此，他仿佛注定要尝遍所有忘恩负义的痛苦。又如，有一个人，他的所有的友谊都以朋友的背叛而告终。再如，有这样一个人，他几乎毕生致力于把另一个人抬举到显赫的私人的或官方的权威地位，但是经过一段时间后又由他自己颠覆了这个权威的地位，并且抬举出另一个人来取代以前的那个人。还有这样一个恋人，他同一个女人的每一件恋爱事件都经历相同的阶段，达到相同的结果。这种"同一事情不断重复"的现象并不引起我们的惊奇，因为它与行为者的主动行为相关，并且我们能够在该行为者身上找到总是保持不变的基本的个性特质，而且这种性格特征被迫在同一种经验的重复中表现出来。可是下述事例给予我们的印象则强烈得多：在这些事例中行为主体好像只有一种被动的经历，他对这种经历未曾施加任何影响，但在这种经历中却遭遇到了同一命运的重复。例如，有一位妇人，连续嫁过三个男人，每一个丈夫都在婚后不久身染重病，而且临终前都得由她来照料。[①]塔索（Tasso）在他的浪漫史诗《被解放的耶路撒冷》中对这一类命运作了最动人的、诗歌式的描述。诗的主人公坦克雷德在一次战斗中无意中杀死了他钟爱的人克洛林达，因为后者当时身着盔甲，伪装成敌方的骑士。坦克雷德在埋葬了克洛林达之后，来到了一座陌生而神奇的森林，这片森林曾使克鲁萨德尔的部下魂飞魄散。当他用剑猛砍一棵高大的树干时，发现鲜红的血顺着树干上的刀口流淌下来，而且还听到了灵魂被囚禁在这棵树中的克洛林达的声音，她抱怨他再一次伤害了他心爱的人。

如果我们考虑一下这样一类根据移情行为和男人女人们的生活史而得来的观察材料，就会有勇气来断定，人心中确实存在着一种强迫重复，它的作用超过了唯乐原则。而且我们现在也很愿意把创伤性神经症患者的梦以及引起儿童游戏的冲动与这种强迫重复联系起来。

不过，人们注意到，只是在极少的场合，才能观察到强迫重复原则不在其他动机的支持下单独地发生作用。在解释儿童的游戏方面，我们就曾把重点放在另外一些可以解释强迫重复现象的方法上面。在这里，强迫重复与可直接获得愉快的本能的满足似乎结成了一种十分密切的合作关系。移情现象明显地被自我在顽固地坚持压抑时所作的抗拒利用了，而强迫重

---

① 参阅荣格（C. G. Jung）对这个问题的十分贴切的评论（1909年）。

复——这个治疗工作试图发挥其作用的原则却似乎被自我拉向它的一边（如自我那样依附于唯乐原则）。①在一种合理的基础上似乎可以理解大量的被人们形容成命运的强迫现象。因此我们就没有必要再提出什么新的、神秘的动力去解释它们。

　　［有关这样一类动力的］最明显的例子恐怕就数创伤性神经症患者的梦了。但是更慎重的思考将迫使我们承认，即使其他的一些事例，也并非全能用我们所熟知的动力作用来解释。为了证明强迫重复假说的合理性，还遗下许多问题没有得到说明。强迫重复仿佛是一种比它所压倒的那个唯乐原则更原始、更基本、更富于本能的东西。如果人心中的确有一种强迫重复的原则在起作用，我们将很想知道一些有关它的情况：它相应于哪一种功能，它在什么条件下表现出来，它与唯乐原则关系怎样，迄今为止，我们毕竟是一直认为，唯乐原则在人的心理活动的兴奋过程中居支配地位。

---

① ［在 1923 年以前，这句话是这样表述的："强迫重复好像是被自我唤来协助自我的，像自我一样依附于唯乐原则。"］

第四章

　　这一章的内容属于一种理论思辨，它往往可被看作是一种颇为勉强的理论思辨，读者可以根据自己的兴趣，对这种思辨进行考虑或不予考虑。这种思辨更主要的是一个尝试，即力图前后一贯地彻底探究一种观点，出于某种好奇心想看一看它将导致什么样的结论。

　　精神分析的理论思辨把从考察无意识过程所获得的下述印象作为自己的出发点：意识或许不是心理过程最普遍的属性，而仅仅是这些过程的一个特殊功能。用元心理学的语言来表述，就是：意识是那个被称作 Cs.（意识）[①] 的特殊系统所具有的功能。由意识所产生的主要是这样两方面的内容：对来自外部世界的兴奋的知觉以及仅来自心理器官内部的愉快的和不愉快的情感。因此，我们就有可能给 Pcpt.-Cs.（知觉-意识）系统②规定一个空间位置。它应该处在外部和内部之间；它应该被转向外部世界，并包裹其他一些精神系统。人们将会看到，在这些假定中，没有什么大胆新奇的东西。我们只是采纳了大脑解剖学在定位问题上所持的观点。根据这种观点，意识的位置是在大脑皮层中，也就是在中枢神经器官的最外一层的包裹层中。从解剖学上说，大脑解剖学无须考虑意识为什么应该位于人脑的表层，而不是安置在它的最里面的某一位置上。也许由我们在 Pcpt. -Cs. 系统中来说明这种状况将会比较成功。

意识，并不是我们归之于意识系统的各种过程的唯一区别性特征。根据我们从精神分析经验中获得的印象，我们断定，所有出现在其他系统中的兴奋过程，后来都会在这些系统中留下一些持久的痕迹，它们便构成了记忆的基础。因此，这一类记忆痕迹与它们曾否是有意识的东西无关。事实上，当留下这些记忆痕迹的过程是一个从未进入意识状态的过程时，这些记忆痕迹通常最强烈、最持久。但是，我们发现，很难使人相信在知觉-意识系统中也会留下这样一些永久性的痕迹。如果这些痕迹经常是有意识的，那么它们将会使这个系统接受新的兴

---

① ［参阅弗洛伊德的《释梦》（1900 年 a），《标准版全集》第 5 卷第 610 页以后。《无意识》（1915 年 e）第 2 节。］

② ［弗洛伊德最初在《释梦》中描述了知觉系统，参阅《标准版全集》第 5 卷第 536 页以后。在后来发表的一篇论文（1917 年 d）中，他论证说，知觉系统与意识系统是一致的。］

奋刺激的能力受到限制。[1]然而，如果它们是无意识的，我们将面临着这样一个问题：必须说明在一个其他方面的作用都是被有意识的现象伴随的系统中，如何会存在着无意识的过程。可以这样说，我们通过关于变成有意识的过程属于一个特殊系统的假定，并不会改变什么，也不会获得什么。虽然这一假定不具有绝对的结论性，但它却使我们产生了如下的猜想：在同一个系统中，变成有意识和留下记忆痕迹是两个不相容的过程。因此我们可以这样认为：兴奋过程在意识系统中变成有意识的，但不在该系统中留下持久的痕迹。这种兴奋被传导到位于意识系统之下的那些系统中，并且在这些系统中留下了它的痕迹。我在《释梦》一书的理论部分[2]中用一种图解的形式来说明过这同一个思想。应该牢记的是，对于产生意识的其他根源我们认识得还很不够，因此，当我们提出这样的命题："意识代替记忆痕迹而产生"时，还是值得对这个断言进行考虑的，因为，不管怎样，这一命题总是由相当精确的术语构成的。

如果这一命题是真的，那么意识系统就将获得如下特征：

---

① 以下叙述的内容完全根据布罗伊尔在《歇斯底里研究》（弗洛伊德和布罗伊尔合著，1895 年）中的观点［他的理论论述部分的第 2 节］。［弗洛伊德自己在《释梦》（《标准版全集》第 5 卷第 538 页）中也讨论过这个问题，并且在此之前于1895 年写的《规划》(1950 年 a)第 1 章，第 3 节中，也已详细地考虑过这个问题。后来他在论文《神秘的拍纸簿》(1925 年 a)中，又重新讨论了这个问题。］
② ［《标准版全集》第 5 卷第 538 页。］

在这个系统中（与其他精神系统中的现象相反），兴奋过程并不给该系统的诸成分造成任何持久性的变化，而似乎是在变成意识的现象中发散了。对于这样一种违反普遍规律的例外现象，必须用某些只能适用于那个系统的因素来加以说明。这种其他系统所没有的因素很可能就是意识系统的裸露状况——意识系统直接毗连外部世界。

让我们以有机体可能具有的最简单的形式来描绘一个有生命的机体，把它设想为某物体身上的一个未分化的囊。这个囊对刺激很敏感，它那朝着外部世界的表面将正是从这种特定的位置上被分化，并且成为一个接受刺激的器官。的确，胚胎学这门可以重现发展史的科学，实际上向我们表明：中枢神经系统是从外胚层产生的，大脑灰质是有机体的最原始的表层的衍生物，也许还保存了该表层的某些基本特性。于是人们很容易设想，由于外部刺激对囊的表层的不断影响，结果可能已经在一定程度上永久性地改变了这个表层的物质，使发生在这个表层中的兴奋过程所循走的路径不同于发生在更深层次中的兴奋过程所循走的路径。这样一来就形成了一个硬壳，它最终被刺激"烘烤"得那么彻底，结果可以在可能的范围内提供接受刺激的最有利的条件，并且不可能有任何进一步的变化。用意识系统的术语来说，这就是说它的成分不再因为经历了兴奋而发生其他永久性的变化，原因是它们在上述有关部位早已被作了最大限度的改变。不过，现在它们将变得有可能来产生意识。

对这种兴奋过程的性质和物体变化的性质，人们形成了各种各样的看法，但目前都不可能得到证实。也许有人会这样认为：当兴奋从一个部分传递到另一个部分时，必须克服一种抗拒，而当这种抗拒逐渐被克服时，就会留下一种永久性的兴奋痕迹。也就是说，它是一种促进作用。因而在意识系统中，这种从一部分向另一部分传递的抗拒现象将不复存在。[①]我们可以把这种描述与布罗伊尔的下述区别理论联系起来：在精神系统的各成分中存在着安稳的（或被结合的）精力投入能量与活动的精力投入能量之区别。[②]意识系统的各成分不携带被结合的能量，只携带能够自由释放的能量。不过在发表对这类问题的看法时，还是尽可能小心谨慎为好。尽管这样，上述思辨性理论还是能使我们看到：在意识的起源与意识系统的位置以及意识系统中发生的兴奋过程的特点之间存在着某种联系。

不过，对于那个有生命的囊所具有的感受皮层，我们还有些问题要谈。这个生物体的小小的组成部分悬置在外部世界之中，这个世界充满着极强烈的能量。如果不为这个囊提供一个防御刺激的保护层，那它就会被那些极强烈的能量产生的刺激杀死。这个囊是通过下述方式获得这个保护层的：它的最外层

---

① ［在《规划》一书的第 1 部分，第 3 节的后半部分中，弗洛伊德就已经预示了这段话的内容。］

② 见布罗伊尔和弗洛伊德合著的著作，1895 年。［参见布罗伊尔在该书理论部分的第 2 节，尤其是该节节首的脚注内容。］

的表面其结构本身不再是有生命的物质，而是有点变得像无机物质，所以它就变成了一层抵御刺激的外壳或包膜。这样一来它就使得外部世界的能量只能以原先强度中的极小一部分进入这层保护层之下的有生命的皮层，而后者可在这个保护层的保护下，感受那些已得到允许而进入其中的刺激量。最外表的皮层以牺牲自己使较深层的其他组织免于死亡——除非发生了如下情况才无法挽救它们：这个保护层受到的刺激极其强烈，结果它自己被打穿了。对于有生命的机体来说，防御刺激较之感受刺激几乎是更重要的功能。这个保护层具有自己的能量，它最首要的任务是必须保护在自身中进行的那些特殊的能量转换形式，避免外部世界存在着的巨大能量威胁所带来的影响——这类影响试图抵消它们从而造成破坏。感受刺激的主要目的是去发现外部刺激的方向和性质，为此它只需从外部世界中抽取少量的样品，对它们进行少量的抽样检查就足够了。在高度发展了的有机体中，早期的囊所具有的感受皮层早已移至身体的深层部位中了，尽管它的某些部分还遗留在直接位于那个普通的防御刺激的保护层之下。这些部分就是感觉器官，它们主要包含这样一些内容：用以感受特定的刺激效应的组织；用以进一步防御过量的刺激和排斥不合适的刺激的特殊结构。①它们的特点是：只考察外部世界的极少量刺激，而且对外部世界只

------

① ［参阅《规划》第 1 部分，第 5 节和第 9 节。］

作抽样检查。或许可以把它们比作触角，这些触角一直在向外部世界作试探性的触碰，然后又往回缩。

在这方面，我想大胆地谈一个问题，这个问题本是应该作最彻底的研究的。作为精神分析理论发现的成果，我们今天已经有可能对康德的下述原理展开讨论：时间和空间是"思想的必然形式"。我们已经认识到，无意识的心理过程本身是"无时间性的"。[1]这首先就意味着：它们是不以时间为序的，时间无论如何都不能改变它们，而且时间的观念也不能应用到它们身上。这些都是无意识心理过程的负性特征，它们只有与有意识的心理过程进行比较才能被清楚地理解。然而在另一方面，我们对时间形成的抽象观念看来完全是通过知觉－意识系统的作用方式而获得的，并且符合于该系统本身对这种作用方式的知觉。这种作用方式或许是另一种提供抵抗刺激的保护层的途径。我知道，人们听到这些论断时一定会感到晦涩难懂，但我必须使自己的论述不超出这些启示性的思想之外。[2]

我们已经指出，那个有生命的囊是如何获得一个抵御来自外部世界的刺激的保护层的；我们也早已指出，那个保护层以下的皮层必定会被分化成一种感受外来刺激的器官。然而这个

---

① [参阅《无意识》(1915 年 e)第 5 节。]
② [弗洛伊德在他的论文《神秘的拍纸簿》(1925 年 a)的结尾部分，再度探讨了时间观念的起源问题。该文还对"抵抗刺激的保护层"问题作了更详细的讨论。]

后来成为意识系统的敏感的皮层同样也接受来自内部的兴奋刺激。这个系统位于内部和外部之间，它的这种位置以及感受刺激的条件在内外两种情况下所具有的差异，对这个系统的功能和整个心理器官的功能都有决定性的影响。这个囊外向的那部分组织被一层保护膜包裹起来，这样就可以抵抗外来的刺激，从而减弱了外部世界的兴奋刺激量对它的影响。但是，对于内向的那部分来说，不可能存在这样一种保护层，[1]那些处在更深层的兴奋就它们具有能在愉快-不愉快系列中产生情感的某些特点而言，它们是直接地、丝毫不减量地扩展到这个系统中去的。不过来自内部的兴奋在强度上以及其他质的方面如幅度上比那些来自外部的刺激更适合于该系统的作用方式。[2]事物的这种状态产生了下述两个确定的结果：首先，愉快的和不愉快的情感（它们是心理器官内部发生变化的标志）压倒了所有外界的刺激；其次，人们采取了一种特殊的方法，以应付任何会导致不愉快情感极度增长的内部刺激。人心中有这样一种倾向，即把这些内部刺激看作不是来自内部，而是来自外部，因此就可以发挥那个抵抗刺激的保护层的作用，把它作为抵抗这些内部刺激的手段。这便是产生投射的根源。投射注定要在病理过程的机制方面发生这样一种巨大作用。

---

① ［参阅《规划》第 1 部分，第 10 节的节首内容。］
② ［参阅《规划》第 1 部分，第 4 节的后半部分。］

至此，我觉得以上所作的一些考虑已经使我们能够更清楚地理解唯乐原则的优势作用了，但是那些与这种优势相矛盾的情况还没有得到解释。因此，让我们再作些进一步的考察。我们把所有来自外部的、其强度足以打穿那个保护层的兴奋统统都称作"创伤性"的兴奋。在我看来，创伤的概念必然含有这样一种联系，即与其他场合能有效地抵抗刺激的屏障出现裂口联系在一起。像外部的创伤这样一类事件必定会在有机体能量的功能方面造成大规模的障碍，并且调动起体内一切可能的防御性措施，同时使唯乐原则暂时不起作用。此时，保护心理器官，使其免遭大量刺激的侵袭，已不可能。代之而起的问题是：设法控制住闯入的大量刺激，在精神的意义上去结合它们，以便能达到消除它们的目的。

由肉体的痛苦而产生的特殊的不愉快感觉，大概是这种保护层的某一区域被突破的结果。于是，从连接中枢心理器官的神经外周部分组织中产生了一股持续的兴奋流，一如通常只能从器官内部产生的那种兴奋流。[①]那么，我们将期待人心对这种外来的入侵作怎样的反应呢？人心从各个部分聚集精神能量，以便能为被突破的部分贯注足够的高精神能量。因此引起了一场大规模的"相反精神贯注"，为了保证这种相反精神能量，所有其他的精神系统都处在停顿状态，结果使其余的精神

---

① 参阅《本能及其变化》（1915 年 c）［和《规划》第 1 部分，第 6 节］。

功能大规模瘫痪下来或者遭到了削弱。我们必须力图从这一类例子中有所收获，并把它们作为我们进行元心理学研究的基础。从刚才所举的这个例子来看，我们可以推断，一个其本身已高度精神能量贯注的系统能够接纳一股附加的、新涌进来的能量流，并能够把它转变为安稳的精力贯注，也就是说，能够在精神能量的意义上把它结合起来。看来，这个系统本身具有的安稳的精力贯注越高，它的结合能力就越大；因而，也可以反过来说，它具有的精力贯注越低，它接纳新涌进能量的能力就越小，①而且这种在抵抗刺激的保护层上的突破所引起的后果也就越强烈。反对这种观点的下述意见必定是不正确的：在突破区域周围的精力贯注剧增现象可以极简单地解释成刺激的大量涌进所造成的直接后果。如果事实确实如此的话，那么心理器官就只是增加了其精神的能量贯注，而所有其他系统的瘫痪性痛苦和停顿状态就都无法解释了。此外，那种由痛苦所造成的非常猛烈的释放现象也没有影响我们的解释，因为它们是以一种反射的方式出现的，也就是说，它们是在没有心理器官的干预下产生的。在我们就所谓元心理学方面所做的一切讨论中存在的不确定性，都必定由这样一个事实造成的：我们对在诸精神系统的各部分中所发生的兴奋过程的性质缺乏了解，而

---

① ［参阅《非贯注系统的兴奋过程不受影响原则》中弗洛伊德的那部分论述的近结尾处脚注内容。1917 年 d。］

且在形成任何有关这方面的假设时，感到没有足够的依据。结果我们仿佛一直是带着一个巨大的未知数在进行运算的，而且还不得不把这个未知数继续纳入每一个新提出的公式之中。也许可以这样合理地假定：这个兴奋过程是以在量上不同的能量来进行的，也还可能是这样：这种过程具有多种质（例如在幅度方面的性质上）。我们已经将布罗伊尔的假设作为一种新的因素考虑进来了。他认为，能量的贯注以两种形式发生，因此我们必须区分在精神系统及其部分中存在着的两种精神能量贯注：一种是自由流动的精力贯注，它迫切地要求得到释放；另一种是安稳的精力贯注。我们或许可以这样猜想，所谓对涌进心理器官的能量进行结合，主要就是把这种能量从一种自由流动的状态转变成为一种安稳的状态。

我认为，我们暂且可以大胆地假定，普通的创伤性神经症产生的原因乃是抵御刺激的保护层遭到了大规模的突破。这看来仿佛是在重温古老而幼稚的休克理论，这个理论与后来的那个在心理学上更为雄心勃勃的理论形成了鲜明的对比。这后一个理论强调，病因的重点不在于机械的暴力所引起的后果，而在于惊悸和对生命的威胁这一类因素。但是，这两种对立的观点并非势不两立。而且精神分析理论关于创伤性神经症所提出的观点，即便从最粗陋的形式上来看，也与休克理论不同。古典的休克理论认为，休克的本质是神经系统某些部分的分子结构，甚或是组织结构受到了直接的破坏。而我们想要理解的却是，那个抵御刺激的保护层被突破以及随之而产生的一系列问题在心理器官上所引起的后果。我们依然强调惊悸因素的重要性。它的产生是由于人心对焦虑缺乏任何准备，并且也因为那个将最早受到刺激的系统缺乏高度精神能量贯注。由于那些系统的精神能量贯注太低，所以不能有效地把涌流进来的兴奋量约束住，从而保护层的突破愈发容易发生。因此人们将会认识到，为对付焦虑而做的准备以及感受系统所具有的高度精力贯注，这两种因素是保护那个防御刺激层的最后一道防线。从许多创伤性的病例可以看出，那些毫无准备的系统和那些通过高度精力贯注而做好充分准备的系统之间的差别，对于决定最后的结果来说，是一个十分关键的因素。尽管在某种创伤其强度超过一定限度的地方，这个因素就不再显得这样重要了。正如我们所知道的，梦是以一种幻觉的方式来使人的愿望得到满足的。在唯乐原则占优势的情况下，这一点已经成为梦的功能。但是，如下现象却不是唯乐原则的作用所引起的，即创伤性神经症患者的梦如此频繁地使他们梦见创伤发生时的情景。我们宁可说，梦在这里是在帮助执行另一项任务，而这项任务在唯乐原则的优势作用甚至还未发生时就必须完成。这类梦通过形成那些患者以前所缺乏的、因而导致创伤性神经症发生的焦虑，力图以回顾的形式来控制刺激。因此对这种梦的研究使我们形成这样一种看法，即心理器官有一种功能，它虽然不与唯乐原则相矛盾，但不以唯乐原则为转移，而且看来比那种追求愉快避免不愉快的目的更为基本一些。

现在好像到了这样的时机，我们可以第一次承认：对于梦是愿望的满足这一命题来说，存在着一种例外。正如我已经反复而详细地指出过的那样，焦虑性的梦不提供这样的例外，"惩罚性的梦"也不提供这种例外，因为它们只是以对被禁止的愿望满足给予适当的惩罚来取代这种愿望的满足，也就是说，它们满足了罪恶感的愿望，而这种罪恶感是对被否定的冲动作出的反应。[①]可是，不能把我们刚才一直在讨论的那种梦归于满足愿望的一类梦中。那种梦就是指创伤性神经症患者的梦，或者是指在作使人回忆起孩提时期的精神创伤的精神分析时产生的梦。毋宁说，这些梦是服从于强迫重复而产生的，尽管事实上在作分析的时候，这种强迫是得到这样一种（受"暗示"鼓励的）[②]愿望的支持的，即希望把早已忘怀的、被压抑的事情回想起来。因此这样看来，那种梦的功能，即通过使扰人的冲动的愿望获得满足来排除一切可能妨碍睡眠的动因，并不是梦的原始的功能。只有在整个心理生活都已受唯乐原则支配之后，梦才有可能执行这样的功能。如果人心中存在着某种

① ［参阅《释梦》(1900 年 a)，《标准版全集》第 5 卷第 557 页和弗洛伊德的《论释梦的理论和实践》(1923 年 c)中的第 9 节。］
② ［括号中的话 1923 年被改成这样："不是无意识的。"这类思想在弗洛伊德较早的著作中就已经出现了。］

"超越唯乐原则"的东西，那么我们就得承认，在梦的目的是满足人的愿望这一情况发生之前还存在着某段时期。只有这样才不至于前后矛盾。而这并不是说，我们否定了梦所具有的满足愿望的功能。不过，这个普遍的原则一旦被打破，就会产生出另一个问题来，即为着从精神上来结合创伤性的印象，这样一类服从强迫重复原则的梦是否根本不会发生在精神分析的范围以外？对这个问题只能有一个十分确定的肯定回答。

我在别处①已经论证："战争性神经症"（就这个术语不仅指这种病症发生时的环境而言）很可能就是已被自我中的冲突所加剧了的创伤性神经症。如果我们牢记精神分析研究一直强调的两个事实，便可以清楚地理解我在第9页上提到的那个事实：由创伤同时引起的肉体上的巨大损伤，会使神经症的发病机会减少。这两个事实乃是：一、应当把机械的刺激看作是性兴奋的根源之一；②二、如果痛苦的、发热性疾病经久不愈，就会对力比多的分布产生强大的影响。因而，一方面，由创伤带来的机械刺激将会使大量的性兴奋获得释放，然而由于缺乏对焦虑所作的准备，这种被解放了的大量的性兴奋又将造成一种创伤性的后果。但是在另一方面，那种同时在肉体上造成的

---

① 请参阅我的《精神分析和战争性神经症》（1919 年 d）一文中的导论部分。
② 参见我在别处（《性欲理论三讲》[《标准版全集》第 7 卷第 201—202 页]）关于摇摆和火车旅行结果的论述。

损伤，又会通过唤起被损伤器官①的一种自恋性高度精力贯注来约束过度的兴奋量。有一个早已为世人所知、但力比多理论还没有充分加以利用的事实，即像忧郁症那样的在力比多分布上严重紊乱的病症，也会因并发躯体器质疾病而暂时消失；而且还确实存在这样的情况，一种症状严重的早发性痴呆（亦称精神分裂症）也能在这种状况下暂时得到缓解。

---

① 请参阅我的论自恋的论文（1914 年 c）［第 2 节篇首部分］。

第五章

感受刺激的皮层不具备抵御来自内部的兴奋的保护层，这一事实必定会产生下述结果：这些来自内部的兴奋刺激的传送具有一种实际重要的优势，而且这类传送还经常会导致某些类似于创伤性神经症的实际障碍。这种内在的兴奋最丰富的来源就是所谓有机体的"本能"——这个词代表了所有产生于身体内部并且被传递到心理器官的力。本能的问题同时也是心理学研究中最重要然而又最模糊不清的内容。

我们倘若假定本能所产生的那些冲动不是属于结合性的神经过程，而是属于那种急欲求得释放的自由活动过程，这恐怕不至于被人认为过于轻率。在我们关于这些过程的知识中最完善的那一部分来自对梦境活动的研究。在这种研究中，我们发现，无意识系统的活动过程根本不同于前意识系统（或意识系统)的活动过程。在无意识系统中，精神能量完全可以很容易地被全部转移、置换和凝缩。但是如果对前意识的材料作这样的处理，则是毫无效果的。这一点也可以说明我们所熟悉的显梦的特征，因为在显梦之前，前一天的前意识记忆痕迹已根据无意识系统的法则而被重新处理了。我把在无意识系统中发现的那类过程称作"原发性"精神过程，以同我们在正常的醒觉状态中所获得的那个"继发性"过程相区别。既然所有的本能的冲动都把无意识系统作为自己的撞击点，那么说它们都服从于那个原发性过程就简直算不上是一种创新的见解；而且，人们很容易把原发性精神过程和布罗伊尔的自由活动的精力贯注等同起来，而把继发性精神过程和在他的结合性的或张力性精力贯注中所发生的变化等同起来。① 如果可以这样等同的话，那么对那些到达原发过程的本能兴奋进行结合就将成为较高层次的心理器官的任务。这种结合一旦失败，将会产生一种类似于创伤性神经症的障碍；而且，只有当这种结合实现之后，唯乐原则（及其衍生原则——唯实原则）才有可能毫无阻碍地发挥其支配作用。在此之前，心理器官的另一任务，即控制或约束兴奋量的任务，将占据首要的地位。它当然并不与唯乐原则相对立，但不受唯乐原则的影响，并且在一定程度上忽略唯乐

① 参阅我的《释梦》第7章［《标准版全集》第5卷第588页以后。也可参阅布罗伊尔和弗洛伊德1895年合著的著作（布罗伊尔的理论论述部分的第2节）］。

原则。

强迫重复的各种表现（我们在前面已经指出，它们既存在于幼儿心理生活的早期活动中，也存在于精神分析的治疗活动中）充分地显示出一种本能①的特征，并且当它们的活动与唯乐原则相对立时，就会给人一种印象，好像有某种"魔"力在发生作用。在儿童的游戏中，我们似乎发现，儿童所以会重复那些不愉快的经历，另有一个原因——较之只是被动地体验一种强烈的印象，处在主动的地位使他们能更彻底地掌握这种印象。每一遍新的重复好像都使他们寻求的这种掌握得到巩固。儿童并不能很经常地重复他们的愉快经历。他们十二分固执地坚持要求毫不走样的重复。这种特点后来消失了。如果一个笑话第二次被人听到，它几乎不再会引人发笑。一个剧本第二次上演从未能给观众以如首次上演那样强烈的印象。事实上我们简直不可能说服一个刚刚津津有味地读完一本书的成年人立即去再将这本书重读一遍。新奇始终是快乐的条件。但是，儿童们却会不厌其烦地一再央求大人去重复他曾教过他们或和他们一起玩过的游戏，直到这个大人累得无法进行下去才肯罢休。如果一个孩子听大人讲了一个有趣的故事，他就会再三再四地要求大人一遍又一遍地重复这个故事，而不愿换一个新的。而

---

① 〔这里以及下一段开始时使用的"本能"一词德文原为"Triebhaft"。这个"Trieb"比英文中的本能"instinct"一词含有更急迫的意思。〕

且他还会严格地规定，大人必须把故事重复得一模一样，并且会纠正说故事的人所作的任何更动——哪怕后者做这些改动实际上是想要赢得小听众的新的赞许。①所有这些都不与唯乐原则相矛盾。重复，对同一事情的重新体验，其本身显然就是一种愉快的源泉。相反，在一个正在接受精神分析的人那里，他在移情过程中对自己童年事件的强迫重复显然在一切方面都排斥唯乐原则。这个患者的行为举止完全像一个小孩，这就表明，他的那些被压抑的早期经历的记忆痕迹并没有以一种结合的形式表现在他身上，而是——从某种意义说——确实不能服从那个继发过程。而且，正是由于没有结合，这些被压抑的早期经历的记忆痕迹具有那种结合前一天的记忆痕迹而在梦中形成富于愿望的幻想的能力。这同一个强迫重复现象常常也成为我们所遇到的治疗障碍：妨碍我们在分析工作结束时设法使患者完全脱离大夫的影响。也可以这样认为，当不熟悉精神分析的人们模模糊糊地感到一种恐惧——惧怕唤起某种他们觉得最好是任其处在沉睡状态的东西——的时候，他们从内心感到害怕的正是这种仿佛受某种"魔"力驱使的强迫现象的出现。

然而，"本能的"一词又如何与强迫重复相联系呢？在这一点上，我们不能不觉得我们也许已经发现了各种本能所共有

---

① ［参阅弗洛伊德论戏谑一书(1905 年 c)第 7 章第 6 节节尾部分有关这一问题的某些论述。］

的、可能还是整个有机生命都具有的普遍性质的痕迹。人们对这种普遍性质至今尚未有清楚的认识，或者至少还没有明确地强调过。①因此看来可以这样认为，本能是有机体生命中固有的一种恢复事物早先状态的冲动。而这些状态是生物体在外界干扰力的逼迫下早已不得不抛弃的东西。也就是说，本能是有机体的一种弹性表现，或者可以说，是有机体生命所固有的惰性的表现。②

关于本能的这种观点对我们来说是十分陌生的，因为我们已经习惯于在本能中发现一种促进变化和发展的因素。然而现在却要求我们在本能中去认识一种恰恰相反的东西，即生物体所具有的一种保守性质。在另一方面，我们立刻就可以联想起动物生活中的某些例子，它们可以证实这个观点，即本能是历史地被决定的。例如，有一些鱼类在产卵期间，为了到某一个远离它们惯常栖息水域的特定水域中去产卵，不远万里，长途跋涉。根据许多生物学家的解释，它们这样做只是为了寻找那些它们的祖先曾经栖息过的场所，而这些场所后来成了其他鱼种的栖息地。人们相信，这一解释也同样适用于说明候鸟的迁徙性飞行现象。如果我们再作下述思考的话，则立即会感到再也没有去寻求什么别的例子的必要了。在遗传现象和胚胎学的

---

① 〔这后半句话是 1921 年增加的。〕

② 我相信，有关"本能"的性质的类似概念早已为人们反复地提出过了。

事实中，存在着证明有机体具有强迫重复倾向的最鲜明的证据。我们观察到，一个有生命的动物的胚芽如何不得不（即使仅仅以一种十分短暂和简略的形式）复演它那种动物所由之进化而来的一切形式结构，而不是通过最短的途径一蹴而就地达到它的最终形态的。我们很少能用机械的原因来解释这种现象，因之，历史的解释乃是不可忽视的。另外，在有机体身上重新长出一个与丧失了的器官一模一样的器官，这样一种再生能力在动物界也是屡见不鲜的。

我们将会遇到这样一种看来不无道理的非议：除去那些促使重复的保守性本能之外，很可能还存在着另外一些本能，它们迫切要求发展和产生新的形式。这种观点无疑是不能忽视的，我们将在往后一个阶段来考虑它。[①]不过，就眼下的情况而论，最好还是把一切本能都趋向于恢复事物的早期状态这个假说的逻辑结论引申出来。这个结论可能会给人一种仿佛是神秘主义的、或者故弄玄虚的印象。不过，我们可以坦然地说我们从未怀有这样的目的。我们只是寻求在根据这种假说而从事的研究或思考之后所得出来的合理结论，在这些结论中，除了确定性之外，我们并不意欲发现其他什么性质。[②]

---

① ［这后半句话是 1921 年增加的。］
② ［1925 年增加的脚注：］读者不应忽略这样一个事实：以下的内容是思想朝着某种极端发展的结果。后来，在说明性的本能时，人们就会看到，这些思想已经受到必要的限制和纠正。

因此，让我们假定，一切有机体的本能都是保守性的，都是历史地形成的，它们趋向于恢复事物的早先状态。于是，我们就会得出这样的结论：有机体的发展现象必须归于外界的干扰性和转变性影响。原始的生物一开始并没有要求变化的愿望；如果环境一直保持不变的话，它就始终只是不断地重复同样的生命历程。最终在有机体发展史上留下印痕的必定是我们所居住的地球的历史以及地球和太阳的关系的历史。任何一个被如此强加给有机体生命历程的变化，都被那些保守的机体本能所接受，并且保存起来以供今后的重复之用。因此，这些本能就会给人一种假象，仿佛它们是一些趋向于变化和发展的力——但事实上它们只是想借助新旧两种途径来寻求达到一个古老的目标。而且确定这个一切有机物为之奋斗的最终目标也是可能的。如果生命的目标是事物的某种至今一直尚未达到的状态，那么这对于本能具有的保守性质来说，就是一种矛盾。相反地，生命的目标必定是事物的一种古老的状态，一种最原始的状态；生物体在某一时期已经离开了这种状态，并且它正在竭力通过一条由其自身发展所沿循的迂回曲折的道路挣扎着回复到这种状态中去。如果我们把这个观点——一切生物毫无例外地由于内部原因而归于死亡（即再次化为无机物）——视作真理的话，那么，我们将不得不承认，"一切生命的最终目标乃是死亡"，而且回顾历史可以发现，"无生命的东西乃是先于有生命的东西而存在的"。

在某一阶段，一种其性质还不为我们所认识的力在无生命的物质中产生了生命的属性。这种过程在形式上也许类似于后来在生命物质的某个特定层次上引起意识发展的那种过程。但是，从那个以前一直是无生命的物体中产生的那种张力却竭力想使自己消失掉。由此，最初的一种本能产生了。这种本能就是要求回归到无生命的状态中去。在那时，一个有生命的物体的死亡还是一件非常容易的事。它的生命历程或许只是极其短暂的一刻，这种历程的方向则是由这个原始生命的化学结构决定的。大概在很长的一段时期内，生物体就是这样不断地繁殖再生而又轻易地死去。直到后来，起决定作用的外界影响发生了这样的改变，即迫使那些依然存活下来的物体大大脱离它们原来的生命历程，并且使得它在达到死亡的最终目标之前所必经的路程变得更加复杂。这些由保守性本能所忠实保持的通向死亡之迂回曲折道路，如今就这样为我们展现出一幅生命现象的图画。如果我们坚定地主张本能具有这种独一无二的保守性质，那么关于生命的起源和目的的问题，我们就不可能形成任何其他的概念。

我们相信其位于有机体生命现象之后的许许多多本能所具有的这些含义，一定会使人感到困惑不解。例如，我们认为一切生物体都具有自我保存的本能，这一假设就与认为本能的生命总体上是导致死亡的观点格格不入。如果从这种观点来看，则自我保存的本能、自我肯定的本能以及主宰的本能在理论上的重要性便大大削弱了。它们是一些局部的本能，它们的作用是保证有机体沿自己的道路走向死亡，而避开一切可能出现的非有机体本身所固有的回复无生命状态之路。我们无须再考虑有机体在面临各种障碍时仍坚持自身的存在的这种令人捉摸不透的决心（这个问题无论从哪一方面考虑都很困难）。我们还需考虑的是这样一个事实：有机体只愿以自己的方式去死亡。这样一来，这些生命的捍卫者原来也就是死亡的忠贞不渝的追随者。因此就形成了一种矛盾的情形：有生命的机体竭尽全力地抵抗某些事件（即事实上的危险事件），而这些事件或许会以一种缩短的路程帮助它们快速达到它们的生命目标。这种行为正具有与理智的努力成鲜明对照的纯粹本能的特征。①

　　然而待我们暂且停下来，思考一下，便会发现，事实不可能如此。性的本能，这种神经症理论曾给予特定地位的本能，则表现出另一番完全不同的情形。

　　那种激发有机体不断发展的外部压力，并没有使它的影响遍及每一个有机体。有许多有机体至今依然处在十分低级的阶段。许多（虽不是全部）这样的有机体必定与高级动物和植物的最原始阶段状况相似，它们确实一直存活到今天。与此类似，

---

① ［在 1925 年以前的版本中，这里有这样一个脚注："以下是对这种关于自我保存本能的极端论点的纠正。"］

通向自然死亡的整个发展道路也并没有被所有的构成高级有机体复杂身体的基本成分所经历过。其中有些基本成分，例如生殖细胞也许就一直保持着生命物质的原来结构；经过一段时间之后，它们携带着本身固有的以及后来获得的全部本能倾向，从有机体的整体中分离出来。这两个特点也许正是使它们能够独立存在的根据。在有利的条件下，它们便开始发展，也就是说，开始重复那种导致它们存在的行为。结果，它们身上的一部分物质再次追随其发展直至终点，而另一部分物质则作为一种新遗留下来的生殖细胞重新回到发展过程的起点。因此，这些生殖细胞是抗拒生物体死亡的东西，它们也确实为生物体赢得了在我们看来只能称作潜在的永生的东西——尽管这种永生也许只不过是延长了通向死亡之路。我们必须将下述事实看作是极端重要的事实：只有当这个生殖细胞同另一种与其类似、但又与其相异的细胞相结合时，生殖细胞的这种作用才能加强，或者说才有可能发挥。

这种主宰着比整个个体存活更久的原始有机体的命运的本能，这种当后者无力抵抗外界刺激时为其提供安全庇护的本能，这种致使它们与其他生殖细胞相遇的本能，这种具有诸如此类功能的本能构成了性本能群。它们与其他本能一样，都是保守的，因为它们要恢复生物体的最原始状态。不过，它们的保守性还要更胜一筹，也就是说，它们对外部世界影响的抵抗特别强烈。另外，它们还在另一种含义上具有保守性，即它们将生命本身保持了一段相对长的时期。①它们是真正的生的本能。它们的作用是反对其他本能所欲达到的目的。后一类本能的作用乃是导向死亡。这一事实表明：在性的本能和其他的本能之间存在着一种对立，这种对立的重要性在很早以前就由关于神经症的理论注意到了。有机体生命的运动仿佛具有一种在两极间摆动的节奏。一群本能冲向前去，以便能尽快地达到生命的最终目标；然而当这一过程达到某一特定阶段时，另一群本能则急忙返回到某一特定的点上，以便建立起一个新的开端，从而延长整个生命的历程。即便可以断定，当生命刚刚开始形成时并不存在着性欲和性的差别，但下述可能性依然存在：那些后来被称作性本能的本能也许从一开始就在起作用。有人认为它们只是后来到了某一阶段才开始发挥其反对"自我的本能"的作用，这种观点可能不尽正确。②

现在，让我们回过头来考虑一下，这些论点究竟是否有任何根据。除了性的本能之外，③果真就不存在任何也不要求回归到事物原始状态中去的本能了吗？果真就没有旨在达到事物从未达到过的状态的本能了吗？在有机界中，我还没有发现确定的例子可以同我在这里假定的那些特点相矛盾。在动物界和

---

① 〔1923 年增加的脚注：〕然而，我们也只能把一种倾向于"进化"和倾向于向更高级发展的内在冲动归之于这些性本能！

② 〔1925 年增加的脚注：〕这里使用的"自我的本能"一词应该根据上下文作这样的理解：它是一个暂时的描述词，它源自最早期的精神分析术语。

③ 〔着重号是 1921 年开始加上的。〕

植物界，显然我们没有观察到某种以高一级的发展为目标的普遍本能——即使不可否认事实上存在着向高级阶段的发展。可是，一方面，当我们宣称某一发展阶段高于另一发展阶段时，这常常只是一个个人见解的问题；而另一方面，生物学家却告诉我们，在一方面的较高级的发展往往会被在另一方面的退化所抵消或压倒。况且，有许多动物的形式，我们根据它们的早期阶段就可以推断：它们的发展反而显示了某种退化的特征。较高级的发展和退化一样，都完全可以被看作是适应外界力量的压力的结果。在这两种情况下，本能的作用也许只是限于（以一种愉快的内部源泉的形式）来保留某种必须作的改变。①

我们大多数人也可能很难抛弃这一信念：人类具有一种趋向完善的本能，这种本能已经使人类达到了他们现有的智力成就和道德境界的高水平，它或许还可能将人类的发展导向超人阶段。但是，我并不相信有这种内在的本能，并且我也无法理解，这种善良的错觉何以须得保存下去。在我看来，对人类现今发展阶段的解释似乎无需不同于对动物所作的解释。至于在极少数人类个体身上表现出的那种趋向于更完美境界的坚持不懈的冲动，可以很容易地理解为一种本能压抑的结果。这种本

---

① 费伦采（1913 年，第 137 页）通过不同的途径获得了同样的结论："如果追究这种思想的逻辑结论，那么就会认识到：一种要求重复和回归的倾向同样也支配着有机体的生命。而那种要求进一步向前发展的倾向，以及适应的倾向等等，则只有在外界刺激之后才会变得活跃起来。"

能压抑构成了人类文明中所有最宝贵财富的基础。这种被压抑的本能从未停止过为求得完全的满足而进行的斗争，而这种完全的满足将存在于对一种原始的满足经验的重复之中。任何替代性机制或反相形成，以及任何升华作用都将无法消除被压抑的本能的持久不懈的紧张状态。在所要求满足的愉快和实际所获得满足的愉快之间所存在的量上的差别提供了某种驱动因素，它不允许停留在任何被达到的境地上。用诗人的话来说，就是：无条件地只是向前猛进。[①]一般说来，通向完全满足的后退之路通常是被坚持压抑的反抗作用所阻遏。因此，除了朝着仍然还能允许自由增长的方向前进之外，别无其他选择——尽管并没有希望结束这个过程或实现这个目标。恐怖症的形成过程——这种只是想要避免某种本能满足的过程，为我们提供了一个范例，表明了这种被想象为"趋向完善的本能"是如何起源的。这种所谓"趋向完善的本能"并不是每一个人都可能具有的。确实，这种本能的发展所需要的动力学条件是普遍存在着的，但是有利于这种现象产生的实际状况却极少出现。

这里我想多说一句，我想假定，爱的本能所作的那些将有机体结合到较大的统一体中去的努力或许可以用来取代这种我们无法承认其存在的"趋向完善的本能"。爱的本能所做的这些努力，连同压抑的结果，似乎可以用来解释人们归之于这种本能的那些现象。[②]

---

① 《浮士德》中的梅菲斯特语。第1部分[第4幕]。

② [这一段话是1923年增加的，它预示了下一章中将要对生的本能作的说明。]

第六章

　　我们迄今为止的探讨所得的结果是：我们已经在"自我的本能"和性的本能之间作出了明确的区分，并且认为，前者施加趋向死亡的压力，而后者则施加趋向于延长生命的压力。然而这个结论的许多方面即使在我们自己看来，也是肯定不令人满意的。而且，实际上我们只能赋予自我的本能以保守的、或更确切地说是倒退的特性——一种与强迫重复相符合的特性。因为，根据我们提出的假设，自我本能是在当无生命的物体开始有生命的那一刻产生的，它们要求恢复无生命的状态；而对于性本能来说，虽然它们确实重新产生有机体的原始状态，但它们通过各种可能的途径所要达到的明确目的则是在于，使两个在某一特定方面有差异的生殖细胞结合起来。如果这种结合未能成功，那么它们便会随同多细胞有机体的其他成分一起死亡。只有依靠这样一种条件，性的功能才能延长细胞的生命，使它显得是永生的。可是，在通过性生殖而得到不断重复的生物体的发展过程中，或者，在它的祖先——两个单细胞生物（protista）①的结合中，至关重要的东西是什么？我们无法回答。倘若我们的整个论证结构结果被证明是错误的，我们将由此感到不胜宽慰。在自我本能或死的本能②与性的本能或生的本能之间所存在的那种对立，因此将不复存在；强迫重复也将不再具有我们已赋予它的那种重要性。

现在让我们回过头来看一看我们已经提出的一个假设，并且希望最终能够明确地否定它。我们已经从这个假设——所有的生物体都必定由于内在的原因而死亡——中得出了一系列意义深远的结论。我们所以如此随意地提出这样的假设，是因为它在我们看来并不是一个假设。我们习惯于把它看作是一个事实。况且诗人们的大作又使我们在思想上强化了这个信念。我们所以会采取这样一个信念，或许是因为在这种信念中存在着某种慰藉。如果我们必须自己去死，并且死亡首先会使我们丧失那些我们自己最钟爱的人，那么，服从于一个无情的自然法则，服从于至高无上的必然性，总比屈从于某种本来或许可以避免的偶然遭遇要使人觉得好受些。可是，也许这种

---

① ［以下弗洛伊德使用的术语"单细胞生物"（protista）和"原生动物"（protozoa），好像并不是指单细胞的有机体；英译本遵照原文。］
② ［这个词在这里是第一次出现在正式发表的著作中。］

对死亡的内在必然性的信念只不过是我们"为了忍受生存的重负"①而制造的众多错觉中的又一种错觉罢了。它肯定不是一种原始的信念。"自然死亡"对于原始人是一个极其陌生的观念。他们认为,在他们当中发生的每一次死亡都是由于某个敌人或某种魔鬼的影响。因此,为了检验这个信念的合理性,我们必须求助于生物学。

如果我们求助于生物学,我们便会不胜惊讶地发现,在自然死亡这一问题上,生物学家们的意见分歧是如此之大。而且我们还会看到,事实上死亡的概念在他们的手中完全融化了。至少在高等动物中存在着一种固定的平均寿命,这一事实有利于证明存在着由于自然的原因而导致的死亡。可是,当我们考虑到这一事实——某些庞大的动物和某些巨型的木本植物具有很长很长的寿命,甚至直到目前还无法计算——,这个印象便会遭到否定。按照威廉·弗利斯(Wilhelm Fliess)(1906 年)的广义概念,有机体展示出来的所有生命现象(当然也包括它们的死亡现象)都与某些固定阶段的结束有关。这些固定阶段表明了两种生物体(雄性与雌性)对太阳年的依赖性。但是,当我们看到,外部力量的影响能够多么容易、多么广泛地改变生命现象出现时的日期(尤其是在植物界中)——促使它们提早出现或推迟出现,便会对弗利斯公式的确定性产生怀疑,至少会怀疑

---

① 〔这句话引自席勒的《墨西拿的新娘》I, 8。〕

由他制定的那些法则是不是唯一的决定因素。

在我们看来，魏斯曼（Weismann）的著作（1882 年，1884 年，1892 年等）中最吸引人的地方是他对有机体的寿命和死亡问题的论述。正是魏斯曼，首次将生物体区分成必死的和不死的两部分。必死的部分是指狭义的肉体，也就是"躯体"，唯有这部分才是必定会自然死亡的。而生殖细胞则是潜在地永生的。因为它们能在某些有利的条件下发展出一个新的个体，或者换句话说，能够用一个新的躯体来包裹自己（魏斯曼，1884 年）。

这里使我们感到震惊的是，在魏斯曼的观点和我们的观点之间存在着一种意想不到的相似性，而魏斯曼的观点则是沿着另一条截然不同的道路达到的。魏斯曼是从形态学的角度来考察生物体的。他发现其中有一部分是必定要死亡的，这便是躯体，即除去与性和遗传有关的物质的那部分肉体。另有一部分则是不死的，也就是种质。它关系到物种的存活，关系到再生。至于我们所研究的，则不是生物体，而是在生物体中起作用的力。这种研究结果使我们区分出两种本能：一种是引导有生命的物体走向死亡的本能；另一种是性的本能，这种本能始终致力于使生命获得更新。这个观点听起来很像是魏斯曼形态学理论的一种动力学上的必然结论。

然而，一旦当我们了解到魏斯曼在死亡问题上的观点时，便会发现上述这种表面上的有意义的一致性即刻丧失。因为他只是把必死的躯体和不死的种质之间的区别与多细胞的有机体联系起来，而在单细胞的有机体中，个体的细胞和生殖的细胞还只是同一个细胞（魏斯曼，1882年，第38页）。所以他认为，单细胞的有机体是潜在地不死的，而死亡只发生在多细胞的动物身上。的确，这种较高级的有机体的死亡是一种自然的死亡，是由内在的原因引起的死亡。但是，这种死亡并不以生物体的任何基本特性为基础（魏斯曼，1884年，第84页），而且也不能被看作是在生命的本性中有其依据的一种绝对的必然性（魏斯曼，1882年，第33页）。死亡毋宁说是一件有利的事情，是适应生命的外部条件的一种表现。因为当肉体的细胞已被区分为躯体和种质之后，个体寿命的无限延长便将成为一种毫无意义的奢侈。当多细胞的有机体内发生了这种分化之后，死亡就成为可能的和有利的。从这以后，较高级有机体的躯体在某个固定的时刻便会由于内在的原因而死亡，而单细胞生物则一直不死。在另一方面，生殖现象事实上并不是在有了死亡现象之时才在自然界中发生的，相反地，它是有生命的物体的一种基本特征，一如（它所由起源的）生长现象那样。生命从其最初来到地球上以后，就一直延续不断地存在着（魏斯曼，1884年，第84页以后）。

我们很快就会看到，以这种方式承认较高级有机体有自然的死亡，对我们几乎没有什么帮助。因为倘若死亡是有机体后来才有的现象，那么就不可能说，从地球上最初有生命的时候起就存在着死的本能。多细胞的有机体可能会死于内在的原因，会因为不健全的分化或者因其本身新陈代谢中的某些缺陷而死亡。但是从我们对这个问题所持的观点来看，这一点没有什么意义。再说，这样一种对死亡的起源的解释同我们习惯的思维方式之间的差异，比起那种关于"死的本能"的陌生假设，要小得多了。

由魏斯曼的假设而引起的讨论，依我之见，在各方面都未能产生结论性的结果。[①]某些作者回到了戈特（Goette）在1883年的观点。戈特把死亡看作是生殖的一种直接后果。哈特曼（在他1906年写的著作的第29页上）并不把一个"死去了的肉体"（即生物体中死去了的那部分）看作是确定死亡的标准，而是把死亡定义为"个体发展的终结"。在这种意义上，原生动物也是必死的。在原生动物中，死亡始终是与生殖同时发生的，只是在某种程度上被后者搞得模糊不清了，这是因为上一代原生动物的整个实体可以被直接传递给年幼的后代。

此后不久，人们的研究方向开始转向用单细胞有机体做实验，以检验所谓生物体的不死性。一位名叫伍德拉夫的美国生物学家用一条纤毛虫作了这种实验。纤毛虫是一种游动微生物（slipper-animalcule），它是通过分裂生成两个个体的形式来繁殖

---

① 参阅哈特曼（Hartmann）1906年、利普许茨（Lipschütz）1914年和多弗莱因（Doflein）1919年的有关论述。

的。伍德拉夫的实验一直进行到第三千零二十九代纤毛虫(这时他中断了实验)。在实验中,他把每一次分裂后的两个个体中的一个分离出来,将它放置在清水中,这个第一代游动微生物的遥远后代与它的远祖一样生命力旺盛,而且毫无衰老或退化的迹象。因此,如果这类数字可以证明什么的话,那么单细胞生物的不死性仿佛是可以从实验中得到证实的。[1]

然而,另外一些实验却取得了不同的结果。莫帕(Maupas)、卡尔金斯(Calkins)和其他一些人的实验结果与伍德拉夫的完全相反。他们发现,经过一定次数的分裂之后,这些纤毛虫逐渐变弱,体形缩小,并且由于丧失了某些组织而衰竭起来,最后就死亡了。除非对它们采取某些补救措施,才可能挽回这种局面。要是这样的话,原生动物也完全像较高级的有机体那样,经过了某个衰老阶段之后,便归于死亡。这样一来,就与魏斯曼的断言——死亡是有生命的机体后来才有的现象——发生了根本的冲突。

通过对这些实验结果的总结,我们获得了两个事实,它们好像能为我们提供一个稳固的立足点。

第一个事实是:如果两个微生物在它们身上出现衰老现象之前,能够相互结合起来,也就是说,能够相互"接合"(然后

---

[1] 为了便于理解这些和以下的内容,请参阅利普许茨(1914 年写的著作中的第 26 页和自第 52 页起)的论述。

再立即重新分离开来），那它们就可以免于衰老，而且会变得"重新健壮"起来。接合，无疑是高级生物有性繁殖的前驱，不过这时它与繁殖还没有什么联系，还仅仅限于两种个体的物质的混合（用魏斯曼的话说是"两性融合"）。但是也可以用其他方法来代替由联结作用而产生的补救效果。如使用某些刺激剂，改变供给它们养料的液体的成分，升高它们温度或者将它们加以摇晃。我们还记得由 J·洛布（J. Loeb）作过的著名实验。他在实验中使用一些化学刺激物，在海胆蛋中引起了细胞分裂——这是一个通常只是在受精之后才会发生的过程。

第二个事实是：纤毛虫仍然可能会死于一种自然的死亡，这种自然的死亡是它自身的生命过程的结果。因为伍德拉夫的发现和其他研究者的发现之间所以会有矛盾，其原因在于，伍德拉夫为每一代纤毛虫提供了新鲜的营养液。如果他不这样做，他便会观察到其他实验者所看到的那种衰老现象。他得出结论说，微生物是被它们排入周围液体中的新陈代谢的废物所伤害的。因此，他能够作出如下结论性的证明：对于这种特殊的微生物来说，唯有它们自身的新陈代谢的废物才对它们具有致命的影响。因为，同一种微生物如果挤居在它们自己的营养液中必定死亡，但是在那种其他远族生物所排泄的废物已达过饱和状态的溶剂中却繁茂兴旺。因此，一条纤毛虫，如果让其独处，它就会由于不能彻底地排清它自己新陈代谢的废物而自然地死亡（这种缺陷或许同样也是一切较高级动物死亡的最终原因）。

至此，在我们的头脑中很可能产生这样的疑问：通过研究原生动物以设法解决自然死亡的问题，我们是否达到了什么目的？对我们来说，这些生物原始组织的某些重要状况可能是无法观察到的。虽然这些状况事实上也存在于这类生物身上，但是它们只有在高级动物身上才是可见的，因为在高级动物身上它们获得了形态学的表现。倘若我们放弃了形态学的观点而采取动力学的观点，那么在原生动物身上能否发现自然死亡现象的问题对我们来说就是全然无关紧要的问题了。那种后来被人们认识到是不死的实体，在原生动物中还未与那部分必死的实体分离开来。那种力求引导生命走向死亡的本能力量或许从一开始就在原生动物身上起作用了，不过，它们的作用可能被那股保存生命的力量完全遮蔽了，以致人们极难找到它们存在的任何直接证据。况且，我们已经看到，生物学家们的观察结果允许我们认为，这种导致死亡的内在过程的确也存在于单细胞生物身上。即便单细胞生物最后被证明从魏斯曼的意义上说是不死的，那么魏斯曼关于死亡是后来才有的现象这一论断也只能适用于说明死亡的显著现象，而无法否定关于向死亡的趋向过程的假定。

这样看来，我们的期望——生物学也许会直截了当地否定有死的本能的存在——还是落空了。如果我们还有另一些理由去研究死亡本能存在的可能性的话，那么我们完全可以继续这样做。魏斯曼对躯体和种质的区分理论，以及我们将死的本能和生的本能加以区分的理论，这两者之间的惊人相似性继续存在着，并且其重要性依然不减。

我们可以暂且停一下对这种关于本能生命的卓越的二元论所作的探讨，来看一看赫林（E. Hering）的理论。根据这种理论，生物体中一直有两种始终在发生作用的过程。它们的作用方向相反：一个是建设性的或同化的过程，另一个是破坏性的或异化的过程。我们是否敢说，在生命过程所采取的这两个方向中，我们看到了我们的两种本能冲动——生的本能和死的本能——在活动？不管怎样，总还有另外一些东西存在，我们不能对它们一无所知。这里我们已经不知不觉地进入了叔本华的哲学领地。在叔本华看来，死亡是"生命的真正结果，并且因此可以说是生命的最终目的"，[①]而性的本能则是生的愿望的体现。

让我们大胆地尝试着再前进一步。人们一般认为，许多细胞结合成一个有生命的联合体是有机体的多细胞特点，这种结合已经变成了一种延长这些细胞生命的手段。一个细胞帮助保存另一个细胞的生命，而即使当单个的细胞不得不死亡时，细胞的联合体则能够继续存活下去。我们已经知道，接合，亦即两个单细胞有机体的暂时结合，能在这两个有机体身上产生保

---

① 参阅《叔本华全集》许布舍尔（Hübscher）编，1938年第5卷第236页。

持生命和使其恢复活力的效果。因此，我们或许可以用精神分析中已经取得的力比多理论来说明细胞之间的这种相互关系。我们可以这样假定，活跃在每一个细胞中的生的本能或性本能将其他的细胞作为自己的对象，它们在这些细胞中能部分地抵消死的本能（即由后者引起的过程）的作用，以此来保持这些细胞的生命。而另一些细胞也是以同样的方式来对待它们的。此外，还有一些细胞则成为力比多功能发挥作用的牺牲品。生殖细胞本身的行为则完全采取一种"自恋"的形式——这是一个我们通常在神经症理论中使用的习惯用词，用以描述一个完整的个人：他在他的自我中保留着他的力比多，而丝毫也不让力比多在对象性贯注中消耗。生殖细胞要求有它们自己的力比多，也就是要求有它们自己的生的本能的活动作为一种潜力的储备，用以应付它们日后重大的建设性活动（在这种意义上，也可以把那些破坏机体的恶性瘤细胞形容成是自恋性的。病理学打算把这种恶性瘤的胚芽看成是内在的，并且赋予它们胚胎学的特征）。①从这一方面看，我们所说的性本能的力比多相当于诗人和哲学家眼中的那种使一切有生命的事物聚合在一起的爱的本能。

因此，这里我们有机会回顾一下力比多理论的缓慢发展。起初，对移情性神经症的分析迫使我们注意到，在那些指向某

————————————

① ［这句话是弗洛伊德 1921 年增加的。］

个对象的"性本能"和另一些我们对其知之甚少、因而临时称作"自我本能"的本能之间，存在着对立。[①] 在所有这些本能中，最重要的位置自然是给了服务于个体的自我保存的本能。要指出在这些本能中还能作其他一些区分，这在当时是不可能的。对于构成一个真正的心理科学的基础来说，大致地把握住各种本能的共同特点和可能存在的差别特征，这就是最有价值的知识了。我们当时是在黑暗中摸索——但也并非在心理学领域中尤是如此。每一个人都可以随心所欲地断定有多少种本能或"基本的本能"存在，并且用这些本能来玩弄拼凑理论的把戏，就像古希腊自然哲学家用他们设想的四种元素，土、空气、火和水来拼凑他们的哲学理论一样。精神分析不可回避地要对本能问题作出某种假定。它最初遵循的是对本能的通行的区分，即以"饥饿和爱"这种词语为代表的区分。在这种区分中至少没有武断的成分；而且精神神经症的分析工作正是借助于这种区分才取得了相当的进展。事实上，"性"的概念和性本能的概念必须加以扩大，以便用它解释许多不属于生殖功能的现象。这一做法在一个严肃的、道貌岸然的或只不过是虚伪的世界中引起了偌大的骚动。

进一步的研究工作是在这样的时刻展开的：精神分析摸索

---

① 〔例如可参阅弗洛伊德在《论视觉的心因性障碍》(1910 年 i)中关于这种对立的说明。〕

着向前发展，逐渐认识到了心理学的自我。最初，只是把自我看作是一种压抑的、稽查性的、能建立保护性结构和反相形成的力量。其实，善于批评和富有远见卓识的人们早就已经在反对把力比多概念仅仅理解为一种指向某个对象的性本能的能量。但是他们并没有说明自己是如何取得这一高见的，也没有从这一高见中推出任何精神分析可以加以利用的知识。精神分析更加小心谨慎地向前探索着，它观察到了使力比多脱离对象而转向自我（即内向过程）的规律性，而且通过对儿童的最早阶段的力比多发展现象进行研究，得出了下述结论：自我是力比多的真正的、原本的储存器。[①]力比多只有从这个储存器出发，才能被扩展到对象身上。这样一来，自我在性的对象中便找到了自己的地位，并且立即获得了在它们中间的最重要的地位。以这种方式存在于自我中的力比多被描述为"自恋性的"。[②]从这些词语的分析的含义上讲，这种自恋性的力比多当然也是性本能的力的一种表现形式。人们很自然地把它等同于其存在一开始就得到承认的那种"自我保存的本能"。这样一来，自我本能和性的本能之间的那种最初的对立，便被证明是不适当的。人们发现，自我本能中有一部分成分是具有力比多性质

---

① ［弗洛伊德在他的论自恋性的论文（1914 年 c）第 1 节中，充分地展开了对这个观点的论述。但是在他后来写的《自我与本我》（1923 年 b）一书的第三章篇首部分的脚注中，他纠正了这个观点，把本我看作是"力比多的大量储存器"。］
② 请参阅我的论自恋的文章（1914 年 c）中第 1 节的内容。

的，而性本能——可能还有其他本能——是在自我之中起作用的。但是，我们还是有理由认为，以前的观点，即认为精神性神经症由自我本能和性本能之间的冲突所引起的观点，今天依然是无可非议的。问题只是在于：以前是把两种本能之间的差别看作是性质上的差别，而现在则应把这种差别看作是形态学上的差别。此外，尤其是这样一个观点仍然正确：精神分析的基本课题——移情性神经症是由自我和力比多所贯注的对象之间发生了冲突而引起的。

但是，既然我们想要进一步大胆地将性的本能看成是爱的本能——万物存在的维护者，把使身体细胞相互联结的力比多储存看成是自我中的自恋性力比多的源泉，那么，我们就更有必要把研究的重点放在自我保存的本能所具有的力比多特征上。不过，现在我们发现自己又突然面临着另外一个问题。如果自我保存本能也具有一种力比多的本性，那么是否除了具有力比多特性的本能之外就不存在任何其他本能了？不管怎样，我们确实没有观察到其他的本能存在。在这种情况下，我们将最终不得不同意这样一些批评者们的意见，他们从一开始就认为，精神分析理论是在用性来解释一切事物。或者我们将不得不同意如荣格(Jung)这一类创新者的意见，他们曾作出一个颇为草率的判断，即用"力比多"这个词来代表普遍的本能的力。难道不能如此认为吗？

无论如何，我们的目的并不是要产生这样一种结论。我们的论证以一种十分明确的区分作为自己的出发点，即明确地区分自我的本能（即我们所说的死的本能）与性本能（即我们所说的生的本能）。（我们在某个时候曾打算把所谓自我的自我保存本能包括到死的本能中去，但是后来我们纠正了自己的观点，没有这样做。）我们的观点从一开始就是二元论的；而今天，既然我们不把两种本能间的对立看作是自我本能和性本能之间的对立，而是看成生的本能和死的本能之间的对立，那么我们的二元论就比以前更明确了。相反地，荣格的力比多理论是一元论的，他把他的唯一的本能的力称作"力比多"，这种做法必定会造成混乱，不过在其他方面对我们没有什么影响。①我们怀疑，在自我中起作用的并非那些自我保存本能，而是另一些本能。我们应该能够将它们揭示出来的。但遗憾的是，对自我的分析研究工作的进展是如此的缓慢，竟使我们很难做到这一点。其实很可能是这样的状况：自我中存在的那些具有力比多特性的本能也许以一种特殊的方式②与另一些我们还未认识的自我的本能联结在一起。甚至在我们还没有清楚地理解自恋的问题时，精神分析理论家就已经认为，"自我的本能"带有一些力比多的成分。但这是非常没有把握的可能性，甚至连我们的对立派也未把它们放在眼里。困难依然是在于，精神分析理

---

① ［这两句话是 1921 年增加的。］
② ［在第一版中，弗洛伊德只是说："借用阿德莱尔（Adler）（1908— ）的术语来说，就是通过本能的'聚集'。"］

论迄今为止还无法使我们指出，除了力比多的本能之外，还有其他的"自我的"本能存在。不过，这并不能成为我们同意事实上没有其他本能存在的理由。

鉴于目前在关于本能的理论研究中存在着的模糊不清的状况，拒绝可能对于本能问题的研究有所启发的观点，就是不明智的。我们的出发点是，承认生的本能与死的本能之间存在着尖锐的对立。现在，对像爱这个现象本身给我们提供了第二个类似于两极对立的例子，这两极便是爱（或钟爱）和恨（或侵犯）。要是我们能成功地把这两极相互联系起来，并且能从一极导出另一极来，该有多好啊！从一开始，我们就已认识到，在性的本能中有一种施虐的成分。①正如我们已知道的那样，它能使自己保持独立状况，能以一种性变态方式来控制一个人的全部性活动。它也能作为一种主要本能组元而出现在我称作"前性器恋期"中。然而这种以伤害对象为目的的施虐本能何以能由生的本能所产生，即由生命的保护者所产生呢？如果假定这些施虐倾向实际上是一种死的本能，它们是在自恋性的力比多影响下被迫离开自我的，以致最后只能在与对象的关系中出现，那么，这种假定难道会毫无道理吗？此时这种施虐的倾向开始有助于性功能的发挥。在性心理发展的口欲期中，在性

---

① 我在1905年发表的《性欲理论三讲》的第一版中，就已经这样认为了。［参阅《标准版全集》第7卷第157页以后。］

方面取得对一个对象的控制的行为是与该对象的攻击相一致的，后来，施虐本能分离出来，最后在以性器恋为主导阶段，为了生殖的目的开始具有制服性对象以达到进行性行为的作用。其实也许可以这样认为，这种被迫离开自我的施虐性倾向已经为性本能的力比多成分指明了道路，后者就是跟随它才到达对象身上的。凡是在最初的施虐倾向没有经过缓和或混合的地方，我们就会发现，在性生活中存在着人们所熟悉的那种既爱又恨的矛盾状况。①

如果以上假定是允许成立的，那么我们就必须形成一个死的本能的例子（虽然这里死的本能实质上已被置换）。不过，这种看事物的方法很难把握，而且确实给人一种神秘的感觉。我们的这种做法看上去仿佛是要不惜任何代价来寻找一条摆脱极度窘迫境地的出路。但是，我们回忆一下，便可知道，在这类假定中并没有什么新东西。在这种窘迫境况出现之前，我们早就提出过一个这样的假定。那时，临床观察使我们认为：必须把施虐倾向的补充现象——受虐倾向的那部分本能看作是一种已经转向主体本身的自我的施虐倾向。②可是，在从对象转向自我的本能和从自我转向对象的本能之间，并没有什么原则的

---

① ［这些论述预示了弗洛伊德在《自我与本我》（1923 年 b）一书中关于本能 "结合" 的讨论内容。］
② 参阅我的《性欲理论三讲》（1905 年 d）［《标准版全集》，第 7 卷第 158 页］和《本能及其变化》（1915 年 c）。

差别。后一种本能正是眼下讨论的新问题。受虐倾向——施虐本能朝主体自身的自我的转向，在这种情况下就是向本能发展史上的一个较早阶段的回复，它是一种退行现象。以前人们对受虐现象所作的说明在有些方面太笼统，因此需要作些修正：或许存在着一种初级的受虐倾向，这就是当时我曾竭力为之争辩的一种可能性。[①]

可是，让我们还是回到自我保存的性本能上去吧。在单细胞生物身上所作的实验已经表明，接合，也就是两个随后就立即分离而不导致细胞分裂现象发生的个体的结合，在这两个细胞身上都会产生一种巩固生命并且恢复活力的效果。[②]在后来繁殖出来的后代身上，并没有表现出退化的迹象，而且仿佛能够对自身新陈代谢的有害效应产生一种更为持久的抵抗作用。我认为，同样也可把这一个观察结果看作是由性的结合而产生的效果的典型事例。但是，两个仅有些微差别的细胞相互结合之后，何以能导致这样一种更新生命的结果呢？使用化学的乃至机械的刺激来代替原生动物结合的实验（参见利普许茨 1914

---

① 扎皮娜·施皮尔赖恩(Sabina Spielrein)(1912 年)曾在一篇富有教益的、饶有兴味的论文中预见到了这些论点中的许多内容。但遗憾的是，我对该文的全部内容并不很清楚。她在该文中把性本能的施虐部分看作是"破坏性的"。斯特克(A. Stärke)(1914 年)曾再次试图将力比多概念和关于一种趋向死亡的动力的生物学概念(它是基于理论根据而提出的)等同起来。也可参见兰克(Rank)的论述(1907 年)。所有这些讨论，包括本书中的讨论，都表明需要澄清那个至今还未完全形成的本能理论。[弗洛伊德本人后来对破坏性本能作的讨论可参阅《文明及其不满》(1930 年 a)第 6 章。]

② 参阅以上所引的利普许茨的观点(1914 年)。

年），能使我们对这个问题作出十分肯定的答复。这种结果是由注入了新的刺激量造成的。这一点十分符合如下假设：个体的生命过程由于内在的原因而导致某些化学张力的消失，也就是说导致死亡。但是，与另一个不同的个体的生命物质结合之后，这种张力便可得到增强。这种结合引入了一些我们可称之为新的"活力差异"的东西，它们被引入之后必定成为维持生命的基础。对于这种差异，自然有某种或者许多种理想的解释。在心理生活中，也许可说是在普遍的神经活动中，占优势的倾向是：努力使那种因为刺激而产生的内部张力减弱，或使其保持恒定，或将其排除（用巴巴拉·洛［1920年，第73页］的术语说是"涅槃原则"）。这种倾向表现在唯乐原则中。[①]而对这个事实的认识便构成了我们相信有死的本能存在的最有力的依据之一。

可是，我们仍然感到，下述事实阻碍了我们的思想线索：我们无法将强迫重复的特征（正是强迫重复最早使我们想到去探究死的本能的存在问题）归之于性本能。胚胎的发展过程明显地充满了许许多多这一类的重复现象，进行有性生殖的两个生殖细胞以及它们的生命史本身就只不过是对有机体生命开端状况的重复。但是，性生活旨在达到的那个过程之本质，乃是

---

① ［弗洛伊德在《受虐狂的心理经济问题》（1924年 c）一文中，对这整个问题作了深入的考虑。］

两个细胞体的结合。唯有这种结合才保证了高级有机体中生命物质的不死性。

换言之，关于有性生殖的起源以及一般的性本能的起源问题，我们还需要有更多的知识。这是一个很可能吓退一个门外汉的难题，但也是专家们自己迄今也还未能解决的难题。因此，我们将只是从众多不同的观点和见解中，挑选出那些看来与我们的思想线索有关的内容，来作一个最简要的概述。

在种种观点和见解中，有一种观点试图通过把生殖看作是生长的一部分现象（试比较分裂繁殖、抽条或萌芽繁殖的现象）来消除生殖问题的神秘性。由不同性别的生殖细胞所进行的生殖，其起源可以按照正统的达尔文主义的观点来描绘，即假定两个单细胞生物在某个场合偶然结合而达到了两性融合，而这种两性融合的优点则在后来的发展中被保存下来并得到了进一步的利用。①根据这种观点，"性"并不是什么非常古老的现象，而那些旨在导致性的结合的极端强烈的本能不过是在重复某种以前曾经偶然发生、而从此就由于它的优点而被确立下来的过程。

这里如同在前面讨论死亡的问题时一样产生了一个问题：当我们只是把那些实际表现出来的特性归之于这些单细胞生物

---

① 尽管魏斯曼（1892 年）也否定这种优点，他说："受精绝不等同于生命活力的恢复或更新，也不能把它看作是为使生命延续而必定发生的现象；它不过是使两类不同遗传倾向能够相互混合起来的一种安排。"〔英译本，1893 年，第 231页〕不过，他相信这类混合作用会增强该有机体的变异性。

时，我们的做法是否正确？当我们认为那些只是在高级有机物中才可观察到的各种力和过程最初是在这些单细胞生物身上形成时，我们的这种看法是否正确？我们刚才提及的关于性欲的观点，对于达到我们的目的几乎没有什么帮助。人们或许会对这种观点提出如下反驳：它假定了生的本能早已存在于最简单的有机体之中，因为不然的话，接合，这样一种违背生命历程并阻碍死亡发生的作用就不会被保存下来和进一步发展，相反它会被避免。因此，如果我们不打算抛弃关于死的本能存在的假设，那就必须断定，它们从一开始起就是与生的本能联系在一起。不过，必须承认，在这种情况下我们将面临着解一道有两个未知数的方程式的难题。

除去这些内容之外，关于性欲的起源问题，科学几乎没有为我们提供什么知识，因此我们可以把对这个问题的研究状况比作是这样一种黑暗，它简直连一线假设的光都从未透进去过。然而，在另一个完全不同的领域中，我们倒确实遇见了这样一个假设，不过它看上去是那样地离奇，完全像一个神话而不像是一个科学的说明。如果它不是正满足了我们想要满足的一个条件的话，我是不会在此斗胆将它列举出来的。因为它认为，产生本能的原因乃是一种恢复事物某种最初状态的需要。

我这里欲列举的就是柏拉图在《会宴篇》中借阿里斯多芬（Aristophanes）之口提出的那个理论。这个理论不仅谈及了性本能的起源问题，而且还讨论了性本能与其对象的关系所发生的最重要的演变。"原始人的本性并不是像现在这个样子，那时完全是另一番景象。最初有三种性别，不像如今只有两种性别。这三种是男性、女性，以及男女混合性……"在这些原始人身上的每一样东西都是双重的，他们有四只手，四条腿，两张脸，两个生殖器，其他部分也是如此。后来，宙斯决定把这些人劈成两半，"就像为了便于剔核把山梨果切成两半那样"。人被分成两半之后，"由于每一半都十分向往另一半，于是它们就聚合在一起，相互间拼命地挥动着手臂，仍然渴望长成一个人。"①

---

① ［参阅乔威特(Jowett)英译本。这个脚注是 1921 年增加的。］我必须感谢维也纳的海恩里奇·戈姆佩尔茨(Heinrich Gomperz)教授，因为，以下关于柏拉图神话来源的讨论，一部分内容是引用了他的话。值得注意的是，在奥义书中也已经可以发现内容基本类似的理论。因为我们发现在婆哩诃陀阿兰若迦奥义书(Brihadâranyaka-upanishad)的第1、4、3章［马克斯-米勒(Max-Müller)的英译本第2章，第85页以后］中，有如下的一段话，它描述了世界从我(Atman)中产生的情况："然而，他并没有感到快乐，一个孤独的人是不会感到快乐的。他希望能有第二个人出现，他作为男人和女人的组合体是显得那样庞大，结果他使他的自我一分为二，于是产生了丈夫和妻子。因而雅各那库阿(Yagñavalkya)说：'我们俩各自都像半个贝壳'，所以中间那空隙就要妻子来填补。"

婆哩诃陀阿兰若迦奥义书是一部最古老的奥义书。据老资格的权威考证，它的年代最晚不超过约公元前 800 年。与流行的观点相反，我不敢断然否定柏拉图的神话来源于——即使仅仅间接地来源于——印度的可能性，因为，在轮回说的问题上，也有类似的可能性无法排除。但是，即使这种渊源关系（即最初以毕达哥拉斯学派为媒介的渊源关系）得以成立，这两种思想之间具有一致性的重要意义也不会被减小。因为如果这个故事不是由于包含某些真理而使柏拉图为之所动的话，他是不会采纳这样一个以某种途径为他所知的来自东方传说的故事，更谈不上会给它以如此重要的地位。

在一篇系统地考察柏拉图时代之前的这条思想线索的论文中，齐格勒(Ziegler)（1913年）认为这条思想线索起源于巴比伦。

［弗洛伊德在他的《性欲理论三讲》中，已谈及了柏拉图的这个神话。参阅《标准版全集》第7卷第136页。］

我们是否可以遵循这位诗人哲学家的启示，来大胆地假设：生物体在获得生命的那一刻被撕成许多微小的碎块，而这些碎块从此就一直竭力想通过性本能重新聚合起来？是否可以假设：这些一直具有无生命物质的化学亲和力的本能，在经过了单细胞生物的发展阶段之后，逐步成功地克服了由某种充满了危险刺激（即迫使它们形成保护性皮层的刺激）的环境为这种重新聚合的努力而设置的困难？可否假设：生物体的这些零星的碎片以这种方式获得了成为多细胞生物的条件，而最后则以最高度集中的形式把要求重新聚合的本能传递给生殖细胞？——不过，在这里，我认为中断的时刻到来了。

但是，还须附带作一些批判的思考。也许有人会问，对于上面提出的这些假设，我本人是否相信它们的真实性，倘若相信，又相信到何种程度。我的答复将是：我连自己也还没有被说服，我也不想说服他人去相信这些假设。或者更确切地说，我还不清楚自己对这些假设的相信程度。在我看来，信服，这样一种情感的因素，似乎没有任何理由要掺杂到这个问题中来。一个人出于纯粹科学的好奇心，或者，如果读者愿意的话，作为一个不受魔鬼左右的攻讦者，完全可以一头扎入某种思想行程中去，依次了解它所得出的每一个结论。我并不想反驳如下事实：我这里在本能理论的进展中所迈出的第三步，不能断言与前两步有同等程度的确实性。前两步是，将性欲概念加以扩展和作出关于自恋的假设。因为这两个创见是直接从观察向理论转化而来的，所以它们的错误可能性并不大于所有在这种情况下必然会产生的理论。我关于本能具有退行的特征的观点确实依据于观察得来的材料，即依据于许多强迫重复的事实。不过，很可能是我过高地估计了这些事实的意义。而且如果不是不断地将事实的材料与思辨的、因而远离经验观察的材料结合起来，要继续论证这样一种思想，就无论如何是不可能的。在构造一个理论的过程中，越是频繁地进行这种结合，如我们所知，其最终的结果就是越发不能令人相信。但是，理论的不确实程度是无法指出来的。一个人或是幸运地猜准了，或是颇不体面地走上了歧途。我以为，在这一类事情中，所谓的"直观"发挥不了什么大的作用。直观，依我之见，似乎是一种理智的不偏不倚的态度的产物。然而不幸的是，当涉及根本性的事物时，当涉及科学和生活的重大问题时，人们简直无法做到丝毫不持偏见。在这种场合，我们每个人都被一些根深蒂固的内在偏见所左右，我们的思考也不自觉地受到这些偏见的影响。既然我们已经拥有如此充足的理由来表示我们的怀疑，那么，我们对自己在评论某种理论时所下的结论最好是持一种冷静的仁慈态度。不过，我立即要补充一句话，即奉行这样一种自我批评的态度并不是要人们对不与大多数人不一致的见解采取任何特别宽容的态度。下例做法依然是十分合理的，即断然否定那些从一开始就与对观察到的事实所作的分析相抵触的理论，但同时也意识到，自己的理论也只有暂时的合理性。

在审定我们对生的本能和死的本能的认识时，我们不必为其中出现的那些令人困惑和模糊不清的过程而深感不安。这些过程就是某种本能驱逐另一种本能，某种本能从自我转向对象等类现象。这些情况的出现是因为我们在表述问题时不得不使用一些科学的术语，也就是说，使用一种心理学特有的比喻性的语言（或更确切地说，一种深蕴心理学特有的语言）。不使用这些语言，我们就根本无法描述以上那些过程，而且实际上也就不可能认识这些过程。倘若我们已经能用生理学或化学的术语来代替心理学的术语，那么在我们的描述中所存在的缺陷或许会消失。其实，生理学和化学的术语也不过是某种比喻性语言的组成部分，只是它们早已为我们所熟悉，同时也可能更简洁一些罢了。

在另一方面，必须十分清楚地指出，由于不得不借助于生物科学来说明问题，这就使我们的观点中所包含的不确定成分陡然增长。生物学真可说是一片布满了无穷无尽的可能性的领域，我们可以期待它提供十二分惊人的知识，但我们无法猜测，几十年后它会对我们向它提出的问题给予何种答案。也许会是这样一些答案，它们可能一举摧毁我们人为地构造起来的整个假设大厦。要是这样的话，人们就会追问道，为什么我还采取眼前的这种思想路线，尤其是为什么我还决定将它公之于众。是的，因为我不能否定这样的事实：
在这种思想路线中存在着的种种类比、相关和联系很值得我
们思考一番。①

---

① 在此我要补充几句话，来澄清我们的一些用语。在这本著作的叙述过程中，这
些用语已经有了一些变化。我们一开始是从性本能与性的关系以及与生殖功能
的关系来认识"性本能"的性质。由于精神分析理论的某些发现，我们不得
不使性本能与生殖功能之间的密切联系有所削弱，但我们仍然保留了性本能这
个名称。由于提出了自恋性力比多的假说，由于将力比多概念引申到解释个体
细胞，我们就把性本能转变成了爱的本能(Eros)，这种爱的本能旨在迫使生物
体的各部分趋向一体，并且结合起来。我们把人们通常称作性本能的东西看作
是爱的本能的组成部分，而这一部分的目标是指向对象的。我们的看法是，爱
的本能从生命一产生时便开始起作用了。它作为一种"生的本能"来对抗"死
的本能"，而后者是随着无机物质开始获得生命之时产生的。这些看法是想通
过假定这两种本能一开始就相互斗争来解开生命之谜。[以下的内容是 1921 年
增加的]也许要理解"自我的本能"这一概念所经历的转变过程并不太容易，
起初，我们用这个名称表示所有与以对象为目标的性本能相区别的本能的倾向
(关于这类本能的倾向，我们当时还没有更深的了解)。而且我们把自我的本能
来同以力比多为表现形式的性本能对立起来。之后，我们对自我作了进一步的
深入分析，从而认识到"自我本能"的一部分也具有力比多的特性，并且它以
主体本身的自我为对象，因此这些自恋性的自我保存本能也应被包括在力比多
的性本能范围内。这样一来，自我本能和性本能之间的对立就被转变成自我本
能和对象本能之间的对立。这两种本能都具有力比多的性质。然而又出现了一
种新的对立，它取代了原来的对立，这便是力比多(自我和对象)本能和其他一
些本能之间的对立，据推测，这一种本能是存在于自我之中的，实际上或许
可以从破坏性本能中观察到。我们的观点是把这种对立转变成生的本能(爱的
本能)和死的本能之间的对立。

第七章

假如要求恢复事物的早期阶段的确是本能的一个普遍特性，那么，当我们发现心理生活中发生的许多过程都不依赖于唯乐原则的影响时，我们就不必感到惊奇。一切本能组元都具有这样一个普遍的特性，对它们来说，目的就是重新回到发展过程的某个特定阶段上去。这些都属于迄今还未受唯乐原则控制的东西。但这并不意味着，它们中的每一个都必然与唯乐原则相抵触。我们仍然必须去解决这样的问题，即本能的重复过程与唯乐原则的优势作用之间的相互关系问题。

我们已经发现，心理器官最早的、最重要的功能之一，就是将那些冲击着它的本能冲动结合起来，用继发过程来代替在这些冲动中占优势的原发性过程，并且把它们的自由流动的精神能量贯注转变成一种大体上安稳的(有张力的)精神能量。当发生这种转变时，就无法对不愉快的发展情况引起注意，但这并不是说，唯乐原则的作用不存在了。相反地，这种转变正是为了唯乐原则而出现的，这种对本能冲动的结合是一种准备性的活动，它引入并且肯定了唯乐原则的优势作用。

让我们在功能和倾向这两个概念之间作一个比迄今为止我们所作过的更明显的区分。

根据这种区分，唯乐原则属于一种倾向，它的作用是协助一种功能的发挥，也就是使心理器官完全摆脱兴奋状态，或者使其中的兴奋量保持不变，要不就是尽可能地使兴奋量保持在最低水平上。然而，在表述这个功能的上述这些方式中，我们还无法肯定赞同哪一种。不过，有一点十分清楚，如此被描绘的这种功能同一切有生命的物体的一种最普遍的努力相关，即努力回归到无机世界的平静状态中去。我们都曾体验过，我们所能获得的最大愉快，即性行为的愉快是如何与一种高度炽烈的兴奋状态的顷刻消失现象联系在一起的。这种对某种本能冲动的结合，将成为一种预备性的功能，它为使兴奋能最终在释放的愉快中消除而做好准备。

由此便产生了一个问题：从受结合的兴奋过程和未受结合的兴奋过程中，是否同样可能产生愉快的和不愉快的情感？看来毋庸置疑的是，未受结合的或原发的过程无论在哪一方面引起的强烈情感都要远远超过被结合的或继发的过程所产生的愉快或不愉快情感。况且，原发的过程在时间上要先于其他过程而存在。在心理生活的开始阶段，还没有其他的过程，而且我们可以推断，如果唯乐原则不是早已在原发过程中发生作用的话，那它就永远不会因为那些后来发生的过程而得到确立。因此，我们可以得到一个实际上很不简单的结论，这就是说，在心理生活的开始阶段，寻求愉快的斗争比后来远为激烈，但不像后来那样无拘无束。这种斗争不得不被时常出现的干扰所打断。在后来的各个阶段中，唯乐原则的优势大大地得到了巩固，不过原则上说，唯乐原则本身也像其他的本能那样，无法逃脱驯服的过程。总之，任何在兴奋过程中导致愉快和不愉快情感产生的东西，正如它们存在于原发过程一样，也必定存在于继发过程中。

这里或许有一种新的研究的出发点。我们的意识不仅从内部传达给我们愉快的情感和不愉快的情感，而且还传达给我们一种特殊的张力，而这种张力也可以是愉快的或不愉快的。这两种情感之间的差别竟然能使我们区别能量的受结合过程和未受结合过程吗？或者这种张力的情感是否与精力贯注的绝对量有关、或也可能与精力贯注的水平有关，而愉快和不愉快的情感系列则表明在给定的单位时间内精力贯注量的变化？① 另一个令人震惊的事实是：生的本能与我们的内在知觉具有非常密

---

① ［弗洛伊德早在他的《规划》一书的第 1 部分第 8 节和第 3 部分第 1 节中谈到了这些问题。］

切的联系，生的本能是安静状态的破坏者，它们还不断地产生出其释放是一种愉快的感受的张力；而死的本能则仿佛是不引人注意地发挥其作用的。唯乐原则似乎实际上是为死的本能服务的。的确，它一直在监督来自外界的刺激，无论是生的本能还是死的本能都把这种刺激视作危险。不过，唯乐原则尤其着意提防来自内部的刺激的增强，因为这种刺激的增强会使生存的任务变得益发困难。这样一来又产生了许许多多其他的问题，对于这些问题我们目前无法找到答案。我们必须耐心地等待着新方法的诞生和新的研究机遇的到来。而且假如我们遵循已久的研究途径看来无法使我们达到正确的结论的话，我们也必须随时准备抛弃它。只有那些原先的宗教的信徒——他们要求科学成为已被他们抛弃的教义问答手册的替代品——才会责备一个研究者发展甚至改变自己观点的做法。我们或许也可以从如下诗句中为我们的科学知识的缓慢进展状况寻得安慰：

不能飞行达之， 则应跛行至之，

圣书早已言明：跛行并非罪孽。[①]

[①] ［这两行诗引自吕克特翻译的哈里里所作《马卡梅韵文故事》中的一首名为"双盾"诗的最后两行。弗洛伊德在给弗利斯(Fliess)的信(1895年10月20日)中，曾经也引用过这两行诗(参阅《弗洛伊德书信集》，1950年a第32封)。］

集体心理学和自我的分析

第一章　导　论

　　个体心理学和社会或集体[1]的心理学之间的差别初看起来好像很重要，但是如果更仔细地考察一下，便会发现，这种差别其实并不显著。的确，个体心理学研究的是个体的人，探讨的是个体的人所寻求的满足他的本能冲动的途径。然而，只是在极少数的、十分例外的情况下，个体心理学才可以忽视个人与他人之间的关系。在个人的心理生活中，始终有他人的参与。这个他人或是作为楷模，或是作为对象，或是作为协助者，或是作为敌人。因此，从一开始起，个体心理学，就该词语的这种被扩充了的、然而是完全合理的意义上说，同时也就是社会心理学。

　　一个人与他的父母，与他的兄妹，与他所爱的对象，与他的医生之间的关系，即事实上所有那些迄今为止已成为精神分析研究的主要课题的关系，都应被看作是社会的现象。在这方面，我们可以将它们与另外一些我们称作"自恋性的"过程进行比较。在后一类过程中，本能的满足是部分地或全部地脱离他人影响的。这样一来，在社会的心理行为和自恋的——布洛伊莱尔（Bleuler）（1912）称之为"内向的（autistic）"——心理行为之间的这种差别就完全属于个体心理学范围之内的了，我们也就无法用它来把个体心理学与社会的或集体的心理学区别开来。

处在以上所谈的种种关系——与双亲、兄妹、爱人、朋友以及医生的关系——之中的个人，只受一个人的影响，或者说只受一小部分人的影响，这一小部分人中的每个人对他来说都是极为重要的。但是，现在当人们谈论起社会心理学或集体心理学时，通常都把这些关系撇在一边，只是孤立地把下述因素作为研究课题：许多人对某一个人同时产生的影响，这些人虽然从许多方面对他来说是些陌生人，但他们与他之间还是被某种东西联系起来。①所以集体心理学所研究的个人是一个氏族的成员，一个民族的成员，一个阶层的成员，一个行业的成

---

① ［本书英译本中通篇使用的"集体"（group）一词，是作为德文中涵义更广的"Masse"一词的对应词的。作者既用它来指麦克杜格尔（McDougall）的"group"，也用它来指勒邦（Le Bon）的"foule"，后者在英语中比较自然的译词应是"crowd"。但是为了使全书统一，我们倾向于也用"group"一词译"foule"，而且在引用勒邦的英译本著作时，凡遇到"crowd"处都改用"group"一词。］

员，一个机构的成员，或者是作为为某个特定的目标而在某个时间内组织起来的某群人的一个组成部分。一旦以这种方式切断了自然的连续性，一些本来相互联结的事物遭到了这样的割裂，那么人们就很容易把在这些特殊条件下呈现的现象看作是一种无法再还原的特殊本能，即社会本能（"群居本能"，"集团心理"）①的表现形式，这种本能在其他场合是不会出现的。不过，我们也许可以大胆地提出异议说，看来要赋予数量的因素以这样重要的意义，使它居然能在我们的心理生活中独立产生一个新的、在其他场合不会起作用的本能，这是十分困难的。因此，我们的希望就寄托在另外两种可能性之上：一是，社会的本能可能不是一种基本的、不可再分解的本能；二是，在一个更狭窄的范围内，比如在家庭的范围内，或许可能发现社会本能的发展开端。

虽然集体心理学还只是处在她的摇篮时代，但她已经包含了许许多多不同的争端，已经给研究者提出了数不清的问题，而这些问题甚至至今还未得到适当的区别。仅仅对不同的集体形式进行分类，以及对它们所造成的心理现象作出描述，就需要做大量的观察和解释的工作，而且已经产生出了大量的文献。读者若是将这本小书的狭窄的论述范围与集体心理学的广阔题材比较一下，便立即可以猜到，本书只是从

---

① ［这些词原来就是用英语表达的。］

全部题材中选择了少数几个要点来加以讨论。事实上，这些要点将只是从事精神分析的深蕴心理学所特别关注的一些问题。

第二章　勒邦对集团心理的描述

在开始讨论问题时，比较有用的做法看来是不要从某个定义出发，而是对眼下要讨论的现象的范围作一些说明，然后从这些现象中选出一些特别显著、特别典型的、可作为我们研究的依据的事实。我们可以从勒邦的名不虚传的名著《集体心理学》（1895 年）中引证一些论述来达到上述两个目的。

让我们再将问题说得清楚一些。如果有这样一门心理学，它旨在研究个人的气质、他的本能冲动、他的动机和目的，以及他的行为和他与最亲近的人的关系。假如这样一门心理学已经彻底完成了它的任务，它把它的全部研究对象及其内在联系都搞清楚了，这时它会突然发现，自己还面临着一个尚未解决的新任务。这就是，它必须解释一下这样一个令人吃惊的事实：它已经理解了的那个个人，在一个特定的条件下，其思想、感觉和行为会采取一种完全出乎先前预料的方式。这个特定的条件即是指：他置身于已具备"心理集体"的特征的一群人之中。那么，这个"集体"是什么？它是如何获得对这个个人的心理生活产生这样大的决定性影响的能力的？它在这个人身上所造成的心理变化的性质是什么？

回答上述三个问题是一个理论集体心理学的任务。而要做到这一点最好的方法是先从第三个问题着手。对个人的反应中出现的一些变化现象所作的观察为集体心理学提供了材料，因为人们在进行每一种解释之前，总要先描述必须被解释的事物。

我这里要援引勒邦自己的话。他说："一个心理集体①表现出来的最突出的特征是：无论构成这个心理集体的个人是谁，无论这些个人的生活方式、职业、个性、智力是如何地相似或不相似，他们已经组成了一个集体这一事实便会将他们置于一种集团心理的控制之下。这种集团心理使他们在感情、思维以及行动上会采取一种与他们各自在孤身独处时截然不同的方式。如果不是处在由一些个人组成了集体这种情况下，有些观念和感情是不会出现的，或者说是不会使它们自身转变成行动的。这种心理集体是一种由异质成分组成的暂时的存在，这些成分暂时地结合在一起，正如某些细胞经过重新组合成一种

---

① ［这段话以及后面的引文均引自勒邦著作的英译本。］

新的存在而构成一个生命体一样。这种新的存在表现出了完全不同于每一细胞在单独情况下所具有的特征的那一系列特征。"（英译本，1920年，第29页）

我们在叙述勒邦的观点时，将自由地插进自己的议论。因此，我们在这里要提出一个看法。假如那些个人在一个集体中被联合成一个整体，那就必定有一种把他们联合起来的纽带。这种纽带可能恰恰就是显示一个集体的特征的东西。然而，勒邦并没有回答这个问题。他继续考察个人处在集体之中的时候所发生的变化，并且用一些与我们的深蕴心理学基本假设非常一致的术语来描述这些变化。

"要证明作为集体成员的个人与孤立的个人之间的差异有多大，这还是容易做到的。但是要找出这种差别的原因，则是不太容易的。

"不管怎样，要获得有关这些原因的哪怕是一点粗略的认识，首先就必须回忆一下近代心理学所确立的一个真理，即无意识的现象不仅在机体的生命中、而且在智力的活动中也具有头等重要的作用。心理的有意识生活比起它的无意识生活来，只占有极其微小的地位。即便是最细致的分析者或最敏锐的观察者也只能发现极少量的决定他的行为的有意识[①]动机。我们

---

① ［1940年德文版中的一个脚注指出，这个词最初在法文中是"inconscients"，勒邦的英译本中使用的是"unconscious"，而弗洛伊德引用的相应德文却是"bewusster"（conscious）。］

的有意识行为是某种无意识的基质引起的。这种无意识的基质主要是由遗传影响在心理中形成的，它由无数代代相传的共同特征所组成，这些特征便形成了一个种族的天赋。在我们的行为背后有我们承认的原因，在这些原因后面无疑还有着我们不承认的隐秘的原因，而在这些隐秘的原因后面依然还有许多我们自己也不清楚的更隐秘的原因。我们绝大部分的日常行为都是由我们尚未观察到的某些隐藏着的动机所造成的。"（同上书，第 30 页）

勒邦认为，在一个集体中，个人的特殊的后天习性会被抹杀，因此，他们的个性也会消失。种族的无意识东西会冒出来，同质的东西淹没了异质的东西。几乎可以说，心理的上层结构——它在个人身上的发展显示出如此多的差别——将不复存在，而在每个人身上都相同的无意识的基础则显露出来。

通过这种方式，处在集体中的个人将表现出一种均有的性格。不过，勒邦相信，这些个人还是表现出一些新的前所未有的性格。他指出，产生这一点的原因有三个：

"第一个原因是，作为集体成员的个人，仅仅从数量的因素中就获得了一种力量不可战胜的感觉，这种感觉使他敢于听从某些本能的要求，要是在孤身独处的时候，他本来是必定会抑制这些本能的。在集体中，他不再那样多地检点自己的行为，因为他认为，一个集体是无名的，所以不必负什么责任。结果，那种一贯控制个人的责任感便不复存在了。"（同上书，

第 33 页）

在我们看来，不必过多地强调新性格出现的重要性。我们只需指出，个人在集体中获得了某些条件，它们使他能够摆脱对自己的无意识本能冲动的压抑。只需指出这一点也就足够了。至于他因此而表现出来的那些表面看来是新的性格，实际上不过是这种无意识冲动的种种表现形式罢了。人心的所有罪恶都作为一种倾向而包含在无意识之中。要理解良心和责任感在这种情况下的消失，是绝对没有什么困难的。长期以来我们一直认为，"社会性焦虑"乃是所谓良心这种东西的本质。①

"第二个原因是感染性影响。这种影响既决定了人们的特殊性格在集体中的表现，也决定了他们将采取的倾向。感染性影响的存在是很容易确定的，但要说明它却不容易。它肯定属于催眠一类的现象，不久我们将要专门研究它这种催眠现象。在一个集体中，每一种情感，每一个行为都有极大的感染性，它甚至能使一个人欣然地牺牲自己的个人利益而服从集体的利益。这种倾向与他的本性是格格不入的，要不是作为一个集体的成员，他简直是无法做到这一点的。"（同上书，第 33 页）

---

① 勒邦的观点和我们的观点之间存在着差别，因为他的无意识概念与精神分析所使用的不完全一致。他的无意识，特别包括隐藏得最深的种族心灵的特征，而事实上这不属于精神分析的范围。我们确实认识到，自我的核心，这种包含着人类心灵的"祖先遗产"的东西，是无意识的东西。不过，此外我们还区别出了"被压抑的无意识"，它便是从这种遗产的一部分中产生出来的。这个被压抑的概念在勒邦那里是没有的。

等一会我们将根据这后一个观点提出一个重要的推测。

"第三个原因比以上两个远为重要，是它决定了处在集体中的个人所表现出来的特性有时同单独的个人所具有的那些特性完全相反。我这里指的是暗示感受性。刚才提到的那种感染性影响只是这种暗示感受性的一种结果。

"要理解这种现象，就必须记住生理学上某些新近的发现。今天我们已经知道，利用各种过程可以使一个人完全丧失他自己的有意识的个性，使他服从那剥夺他的个性的操纵者的所有暗示，而且还会做出完全不符合他的性格和习惯的行为。最周密的研究似乎证明，一个人在一个集体中活动了一段时间之后，很快会发现自己处在一种特殊的状态之中，它或是由该集体施加的磁性影响所造成，或是由一些我们还不知道的原因所造成。这种状况酷似那种被催眠者发现自己完全受催眠师控制的'着迷'状态……有意识的个性完全丧失了，意志和识别能力也没有了。所有的感情和思想都惟催眠师之命是从。

"作为一个心理集体成员的个人，其情况也与此类似。他已不再意识到自己的行为。他就像被催眠的人一样：在他的某种能力遭到破坏的同时，另外一些能力则可能得到高度的发展。在某种暗示作用的影响下，他会以不可遏制的冲动来完成某些行动，这种冲动对集体中的个人比对被催眠者显得更难以遏制。因为这种暗示对这个集体中所有的个人都有一样的作用，结果它通过成员之间的相互影响而被大大地加强了。"（同

上书，第 34 页）

"因而，我们发现，有意识的人格之消失，无意识的人格之占优势，情感和观念通过暗示和感染作用朝同一方向之转变，被暗示的观念之直接转化为行为的倾向，如此种种特点便是作为一个集体成员的个人身上所表现出来的主要特征。他已经不再是他自己了，而是成为一个不由自己的意志来指导的机器人。"（同上书，第 35 页）

我之所以如此详细地援引勒邦的话，目的是要清楚地指明这样一点：勒邦并不是将集体中的个人状态与催眠状态作单纯的比较，而是把集体中的个人状态解释为就是一种催眠状态。我们不想对这一点提出异议，只是希望强调如下事实：勒邦以上分析的致使个人在集体中发生性格变化的后两个原因（即感染性影响和被强化的暗示感受性）显然并不是处在同一层次上的，因为感染其实是暗示感受性的一种表现形式。而且在勒邦的论述中，我们发现这两种因素造成的结果也无法得到明确的区分。也许，如果我们这样来解释他的论述的话，才最为恰当，即我们把感染作用与集体中个别成员的相互作用的结果联系起来，而把勒邦认为类似于催眠的那种集体中的暗示感受现象则归诸另一个根源。可是，归诸什么根源呢？我们注意到，他在进行这类比较时有一个主要因素没有提及，即没有指出在集体中取代催眠师位置的那个人。这种缺陷不禁使我们感到愕然。尽管如此，勒邦毕竟在尚是含糊不清的"着迷"影响和个人相互间激起的、使原来的暗示得到加强的感染作用之间作出了明确的区分。

然而，这里还有另一个重要的思想可以帮助我们理解集体中的个人的情况："一个人成为一个有组织集体的成员这一纯粹的事实，就使他在文明的阶梯上跌落了好几级。在孤身独处时，他或许是一个有教养的人，但在一群人中，他却成了一个野蛮人，一个按其本能行事的人。他获得了野蛮人所具有的秉性，如任性、暴戾、凶残，以及热情和侠义。"（同上书，第36页）勒邦特别详尽地叙述了一个人在投身于一个集体中时所经验到的智力下降的情况。①

现在，让我们撇开个人的问题，来看一下集团心理的情况。在这方面勒邦已经作了概括。对于这种集团心理，一个精神分析家能够毫不费力地确定它的任何一个特征和推断出这个特征的根源。勒邦本人通过指出它与原始人的和儿童的心理生活的相似之处，向我们展示了这种分析方式（同上书，第40页）。

一个集体是容易冲动、变动不居的和容易被激怒的。它几乎完全是受无意识控制的。②一个集体所服从的那些冲动是依情况而定的，有时是慷慨的，有时是残忍的，有时是勇敢的，

———————————

① 席勒说过：

"每个人当他独处时，还有点机灵和敏锐，

当他们组成集体时，他们简直都成了傻瓜。"

② "无意识"这个词这里是被勒邦在描述性的意义上正确使用的，它不只包括了"被压抑"的含义。

有时则是懦弱的。不过不管怎样，它们始终是专横的，任何个人的利益，甚至连自我保存的利益也无法从中得到表现（同上书，第 41 页）。在一个集体中，任何事情都不是事先预谋好的，虽然它会热烈地追求着一些东西，但这种追求从不能持久。因为它不具备百折不挠的品格。它一旦追求某种东西就要求立刻实现，不允许任何拖延。它具有无所不能的感觉，在一个处身于集体之中的个人心目中，不可能性这个观念已经荡然无存。[1]

一个集体是极其轻信、极易受影响的。它没有什么批判的能力，对它来说，不存在什么未必确实的事。它凭想象来思考，这些想象通过联想作用一个接一个地产生出来（宛如个人在自由想象时出现的那种情况），而且从未用任何理性的力量来检验一下这些想象与现实之间的一致性。一个集体的感情始终是非常简单、非常夸张的。因此，一个集体既不知道什么是怀疑，也不知道什么是靠不住。[2]

在集体中事情往往径直走向极端：如果对某事有一点点疑问，这种疑问就立即转变成一种毫无争辩余地的确定；如果对某事有一

---

[1] 请参阅我的《图腾与禁忌》(1912—1913 年)中的第三篇论文。［《标准版全集》第 13 卷第 85 页以后。］

[2] 我们关于无意识心理生活的最完善的认识来自对梦的解释。在解释梦时，我们遵循了一条技术性的规则：在对梦的叙述中不理会怀疑和不肯定的东西，而把显梦中出现的每一个因素都看作是十分肯定的东西。我们把怀疑和不肯定看作是梦的工作中稽查作用的影响。梦的活动是受这种潜意识压抑力支配的。我们认为原始性梦的思维不具有怀疑、不确定及批判性等性质。梦的思维，当然像其他东西那样，作为白天痕迹的一部分内容而进入梦中。（参阅《释梦》［1900年 a］《标准版全集》第 5 卷第 516—517 页。）

丝嫌忌，这种嫌忌就会变成强烈的憎恶（同上书，第56页）。[1]

一个集体虽然它自己容易走极端，但要使它激动起来却只能靠过度的刺激。任何人，倘若想要对一个集体施加影响，不必考虑如何使他的论证具有逻辑的力量，而只需危言耸听，只需夸大其词，只需一而再地重复同一件事。

因为一个集体对构成真理或构成错误的东西不置疑问，而且又意识到自己的强大力量，所以它一方面顺从权威，一方面又非常褊狭、不容人。它崇拜暴力，极少被仁慈感化。仁慈在它眼里只是懦弱的一种表现。它要求它的英雄应具备坚强、甚至暴虐的品格。它要求受统治，受压迫，要求对它的主宰诚惶诚恐。它从根本上讲是完全保守的，它深深地厌恶一切发明和进步，对传统却怀着无限的崇敬之情（同上书，第62页）。

为了对集体的品格作出正确的判断，我们必须考虑下述事实：当个人集中到一个集体中时，个人具有的抑制作用逐渐消失，所有那些作为原始时代的遗迹而潜伏在个人身上的残忍的、兽性的和破坏性的本能则被挑动起来，去寻找自由的满

---

① 这种对每一种情感极端而无限制的强化，也是儿童情感生活的一个特征。同样，在梦中也有这种现象出现。由于在无意识中把单独的情感分离了出来，结果在白天遇到的一点点恼怒在梦中就会表现为一种希望触犯者死去的愿望。或者，白天所受到的一点点诱惑，到了梦中则促成了一场犯罪行为的详细描绘。关于这点，汉斯·萨克斯（Hanns Sachs）作过恰当的评论，他说："假如我们要在意识中寻找某些梦告诉我们的有关当下的（真实的）情况，不必为下述发现感到惊愕：我们原来在放大的分析镜下看到的庞然怪物其实不过是一只十分微小的纤毛虫。"（《释梦》［1900年 a］《标准版全集》第5卷第620页。）

足。不过，在暗示的影响下，集体也能以克己的、无私的和献身于某个理想的形式取得高度的成就。当人在孤身独处时，个人的利益几乎成了惟一的动力；而当个人处在集体中时，这种个人利益简直是不起眼的。可以说，一个个人具有的道德标准是由集体建立的(同上书，第65页)。一方面，一个集体的智能始终大大低于一个个人的智能，另一方面，集体的道德行为则既可能大大高于个人也可能大大低于个人的道德行为。

勒邦还描述了另外一些特征，它们清楚地表明，集体的心理与原始人的心理之间的一致性具有十分充足的理由。在集体中，截然相抵触的观点可以比肩而立，可以相互宽容，它们的逻辑矛盾不会造成任何冲突。可是，精神分析学早已指出，在个人、儿童和神经症患者的无意识心理生活中也照样有这样的情况存在。[1]

---

[1] 例如，在年幼的儿童身上，对最亲近的人具有的矛盾的感情可以并行不悖地存在相当长的时间，在这两种矛盾的感情中任何一方都不会妨碍对立的那一方。如果它们之间最终爆发了冲突，那么儿童通常用来解决这种冲突的办法是，改变对象从而将其中一种感情转移到某个替代者身上。一个成年的神经症患者的病史也表明，一种被压抑的情绪很可能在无意识的幻想中存在很久，而它的内容自然是直接与某种主要倾向相抵触的。不过，这种对立并不会导致自我方面反对它已否定的东西的任何活动。这种幻想可以持续存在很久，直到突然有一天——通常是因为这种幻想的感情方面的精力投力增强了——它与自我之间便爆发了冲突，并带来了所有通常的后果。在儿童向成人发展的过程中，他的个性越来越广泛地得到集中，他身上的那些本来是独立成长起来的分离的本能冲动和目的趋向也获得了协调。我们早已知道，在性生活领域中一个与此类似的过程就是：一切性本能协调成一个确定的生殖组织。(《性欲理论三讲》1905年 a[《标准版全集》第7卷第207页。])况且，已有许多众所周知的例子表明，自我的统一也会产生如力比多那样的冲突。比如，像致力于科学研究的人们却保留着对圣经的信仰这样一些人们所熟悉的事例。[1923年补充道：]关于自我后来形成分裂的各种可能的方式，精神病理学特别开辟了一章进行讨论。

再者，一个集体还慑服于语词所具有的真正的魔力。这些语词能在集体的心理中引起极可怕的骚动，同样也能使这些骚动得到平息（同上书，第117页）。"理性和论证敌不过某些词语和公式。它们是在众人面前庄重无比地诵念出来的，人们一听到这些，脸上便会显露出无限崇敬的神情，接着就是顶礼膜拜。许多人将它们视作自然的威力或超自然的权能。"（同上书，第117页）在这方面，只需回想一下原始人中的名称禁忌以及他们赋予名称和词的那种魔力就很清楚了。①

最后，集体从不渴求真理，它们需要的是错觉，而且没有这些错觉就无法存在。它们始终认为，虚假的东西比真实的东西更优越。不真的东西对它们的影响几乎同真实的东西一样强烈。它们明显地具有不对这二者加以区分的倾向（同上书，第77页）。

我们已经指出，由某种未得到满足的愿望所产生的幻想和错觉的生活居支配地位，这一事实是神经症心理学中的决定因素。我们亦已发现，指导神经症患者的并不是普通的客观现实性，而是心理现实性。歇斯底里症状的基础是幻想而不是对真实经验的重复。强迫性神经症中的罪恶感，其基础是某种从未实行过的罪恶意图。在一个集体的心理活动中，确实就像在梦中和在催眠状态中一样，检验事物真实性的功能在具有情感性精力贯注的愿望冲动的强大力量面前，不再发生作用了。

---

① 参见《图腾与禁忌》（1912—1913年）《标准版全集》第13卷第54—57页。

关于集体中的领袖问题，勒邦的叙述就不及在上述问题上的叙述那样详尽了。从他的叙述中，我们无法非常清楚地找到一个基本原则。他认为，生物一旦以一定的数量聚集起来，无论是一群动物还是一群人，他们都会出于本能而将自己置于某个头领的权威之下（同上书，第134页）。一个集体是一群驯良的动物，没有统治者就无法生存。它对忠顺的渴求是那样强烈，竟至会出于本能地甘愿受任何一个自封为集体之王的人的统治。

虽然通过这种方式，一个集体对领袖的需要已经为迎接这个领袖的诞生而开拓了道路，但是这个领袖还需在个人的素质上适应这一集体。为了唤起这个集体的信仰，他自己必须深深地沉溺于对某种强烈信仰（某个观念）的狂热盲信之中，他必须具有某种坚强的、征服人心的意志，才能使这个毫无自己的意志的集体接受他的意志。勒邦接着讨论了不同类型的领袖人物，以及他们动员集体的手段。总的说来，他相信，领袖人物是通过那些他们自己狂热盲信的观念来使别人认识自己的。

而且，勒邦还认为这些观点和这些领袖人物具有一种神秘莫测的、不可抗拒的力量，他称这种力量为"威望"。威望是由某个个人、某一作品或某个观点煽动起来支配我们的东西。它能彻底麻痹我们的批判能力，而使我们的心中充满惊愕和崇敬的感情，就好像在催眠时唤起的那种"着迷"感觉一样（同上书，第148页）。他区分了两种威望，一种是获得的或人为的威望，另一种是人格的威望。某个人要能赢得前一种威望需靠名誉、财富和声望。某个见解或艺术品要赢得这种威望则需靠传统。由于在每一种情况下，这种威望都要求追溯到过去，因此在理解这种令人困惑的影响方面，它无法给我们提供许多帮助。人格的威望则只有个别人才有，这些人利用人格的威望变成了领袖人物。这种威望能使所有的人对他俯首帖耳，使他们变得仿佛受了某种有吸引力的魔术的影响似的。不过，无论哪种威望都有赖于成功，如果遭到失败，这些威望就会丧失（同上书，第159页）。

勒邦的叙述给我们的印象是，好像他并没有将领袖的作用和威望的重要性与他那对集体心理图景的卓越描绘十分融洽地结合起来。

第三章　其他人对集体心理生活的论述

我们已经以介绍的方式运用了勒邦的观点。因为它在重点强调无意识的心理生活方面与我们自己的心理学观点十分吻合。不过，我们现在要补充说明的是：其实，勒邦的论述并没有什么新东西。他对集体心理的种种表现所说的一切贬损的话，早已由他以前的人们同样清楚同样充满敌意地说过了。从我们最早的文献中便可看到，一部分思想家、政治家和著作家们曾用同一个调子重复过这些内容。[1]勒邦最重要的两个论点，即在集体中智力功能遭到集体抑制而情感性得到增强，不久前已由西盖勒(Sighele)[2]系统地阐述过了。实际上，剩下的那些被看作勒邦的独立见解的东西，就是对无意识的看法以及提倡与原始人心理生活作比较的观点。然而，甚至就连这些思想在勒邦之前也已时常有人间接提到过了。

不过，另外要指出的是，勒邦和其他人对集体心理所作的描述和估价也决非毫无争议。当然刚才提到的一切有关集体心理的现象无疑是正确观察的结果，可是我们还可能区分出集体的另外一些表现形式，它们有着恰恰相反的作用，而且根据它们，必定应该对集体心理作出更高一点的评价。

勒邦自己也曾打算承认：在某种场合，一个集体的品格要高于构成它的那些个人的品格；而且，唯有集体才能产生高度的无私和献身精神。"个人的利益，在离群索居的个人那里，几乎是唯一的动力，而在集体那里，简直是不为人所注目的。"（勒邦，英译本，1920年，第65页）其他的作者也指出了这样的事实：唯有社会，才最终为个人制定出伦理的准则；而个人则通常是无法以某种方式来达到社会所要求的高标准的。他们还指出，在一些非常的时刻，在一些团体中还可能产生一股莫大的热情，它使最壮丽的集体业绩成为可能。

至于智力方面的工作，事实上看来还确实应承认，要在思想领域中作出伟大的决策，要获得重大的发现，要解决疑难的问题，就只能靠一个人回避世人的潜心钻研。不过即使集体的心理在智力的领域中也是能具备创造性天才的。这一点由语言本身表现得尤其显著，此外在民歌和民间传说等创作活动上也

---

① 参见克拉斯科维克（Kraskovič）1915年的著作。

② 参见莫德（moede）1915年的著作。

是如此。不过，个别的思想家或作家受他们所在集体的影响究竟有多大，以及他除了使一项有别人同时参与的精神作品完善化以外是否还能作更多的贡献，这些问题还尚未搞清楚。

面对这种截然相反的解释，看来，集体心理学的研究似乎必定是徒劳无功的。然而要找到一条更有希望逃离这种进退维谷的处境的道路，还是不十分难的。在"集体"这个词中或许包含一些结构极其不同的种类，必须对它们加以区分。西盖勒、勒邦和其他一些人有关集体的论述指的是一些寿命短暂的集体，它们由某种眼前利益而将各种各样的个人匆匆地聚集起来。他们的论述无疑深受那些革命集体尤其是法国大革命集体的特点的影响。相反的论点则来源于对那些稳定的集体或社团的考虑，人们在这种集体中度过一生，而它们则体现为社会的公共机构。第一种集体与第二种集体的关系就好像一个滔天的海浪与一个海底的地隆那样。

麦克杜格尔（McDougall）在他的《集团心理》（1920年a）一书中，正是从上述矛盾出发展开论述的。他提出的解决方法是强调组织的因素。他说，在最简单的情况下，这种"集体"根本谈不上有什么组织，或者说根本不具备称得上组织的东西。他把这样的集体称作"人群"。不过他承认，不管怎样一个人群要是不具备一点点组织的雏形，那就简直无法聚集在一起。也正是在这些简单的集体中，可以特别容易地观察到某些基本的集体心理事实（麦克杜格尔，1920年a，第22页）。一些散乱的人员要形成一个在心理学意义上类似集体的东西，必须具备一个条件：这些个人之间必须有某种共同的东西，如对某个对象有共同的兴趣，或在某种场合有相同的情感倾向，以及（我想在此插入："结果是"）"某种程度的交互影响"（同上书，第23页）。"这种心理同质性"的程度愈高，这些个人就愈容易组成一个集体，而集团心理的特征也就愈明显。

一个集体形成后产生的最显著、最重要的后果是，它的每一个成员的"情绪变得极其高涨和强烈"（同上书，第24页）。麦克杜格尔认为，在一个集体中，人们的情绪会高涨到他们在其他场合很少能达到或从未有过的程度。对这些人们来说，完全任自己受情感的摆布，因而彻底被集体所吞没直至失去自己的个性局限感，乃是一件快事。麦克杜格尔用他所谓的情绪直接诱导原则来解释这种使个人如此地受一个共同的冲动左右的方式，这个情绪的直接诱导原则是经过原始的交感反应，亦即我们早已熟悉的情绪感染而产生作用的（同上书，第25页）。事实上，对某种情感状态记号的感知很可能自动地在感知它们的主体心中引起同样的情感。如果同时具有同样情感的人愈多，那么这种自动的强迫现象就愈强烈。个人完全丧失了他的批判能力，而使自己陷入同样的情感之中。不过在此同时他也会使那些曾给他如此影响的人们变得更加兴奋。这样一来，人们彼此之间的相互影响就会使个人的情感负荷大大增强，这种被强迫去做和他人一样的事、去和众人保持和谐的现象，在本质上必定有某种东西在发生作用。越是粗野、越是素朴的情绪冲动，在一个集体中越容易通过这种方式传布（同上书，第39页）。

从集体中产生的其他一些影响对这种情感强化的机制也非常有利。一个集体给个人以这样一种印象，即集体是一种无限的力量和难以克服的威胁。集体暂时地取代了整个人类社会。人类社会是权威的行使者，它的惩罚使个人感到不胜畏惧，因而处处抑制自己。在他看来，使自己与集体对立显然是十分危险的，最安全的办法是效仿周围的人们，甚至可以不惜与豺狼为伍。由于服从新的权威，他可能会丧失以前的"良心"，完全地沉溺于因取消种种抑制而自然带来的极度的愉快之中。因此，总的说来，一个个人在集体中会做出或嘉许那些他以前在正常生活条件下所避免的事情，这并不是很出乎意料的现象；从而，我们甚至可望略微澄清一下通常为"暗示"这个谜一样的词所掩盖着的含混不清之处。

麦克杜格尔并不反对在集体中智力受到集体抑制的论点（同上书，第41页）。他说，智力低下的人会把智力较高的人拉到他们自己的水平上，智力高的人的行动会受到阻碍。原因之一是，情感的强化一般说来会给正常的智力工作造成不利的条件；原因之二是，个人受到集体的威吓，他们的精神活动是不自由的；原因之三则是每一个个人对自己行为所应有的责任感普遍下降。

麦克杜格尔在总结简单的、"非组织化的"集体的心理行为时所作的论断，和勒邦的论断一样充满贬义。他认为，这样的一个集体"往往极端地感情用事，冲动任性，暴戾恣睢，变化无常，毫无远见，优柔寡断，行为极端，只有粗俗的情绪和粗糙的情感，极易接受别人的暗示，思考不周密，判断草率，只掌握一些简单的、不完备的推理形式，很容易受人操纵，缺乏自我意识，没有自尊心和责任感，常常会被对自己力量的意识冲昏头脑，结果就倾向于产生我们已能预计到的任何不负责任的绝对力量都会表现出来的所有现象。因此，这种集体的行为就像一个蛮横的顽童或一个未开化的冲动的野蛮人在陌生环境下的行为，而不像它的普通成员的行为。在最坏的情况下，它的行为像野兽的行为而不像人的行为。"（同上书，第45页）

既然麦克杜格尔把一种高度组织化的集体同以上描述的那种集体的行为加以对比，那么我们将特别有兴趣要了解这种组织化的内容是什么，它是由什么因素产生的。作者认为，有五种"基本条件"可将集体的心理生活提到一个较高的水平。

第一个亦即最根本的条件是：这个集体必须持续存在一个相当长的时间，无论是内容上的持续存在还是形式上的持续存在。所谓内容上的，是指同样一些个人在这个集体中持续存在一段时间；所谓形式上的，是指在集体内部存在着一个固定的职务体系，这些职务由一些个人连续担任。

第二个条件是：集体的个别成员应对该集体的性质、机构、作用和能力有一个明确的认识，因而根据这种认识与作为一个整体的集体保持一种感情联系。

第三个条件是：这个集体应同别的与它类似的、但在许多方面又与它有区别的集体（或许是以竞争的形式）发生相互作用。

第四个条件是：这个集体必须拥有尤其能确定其成员之间相互关系的传统、风俗和习惯。

第五个条件是：这个集体应具有一个确定的结构，这个结构要体现在它的成员的作用的专业化分工上。

麦克杜格尔认为，要是具备了上述条件，集体形式在心理方面的缺陷便可得到弥补。通过撤回集体的智力任务而将其保留给它的个别成员，智力能力的集体下降现象也就可以避免了。

在我们看来，似乎可以更合理地用另一种方式来表述麦克杜格尔为实现集体的"组织化"所规定的条件。关键问题在于如何使集体恰恰能够获得那些曾经是属于个人特长的、并在形成集体时已丧失了的特征。因为，处在原始集体之外的个人具有自己的连续性，自己的自我意识，自己的传统和习惯，自己特殊的作用和地位，他与他的敌人保持着距离。但由于加入了一个"无组织"的集体，他已经暂时地失去了这些特点。因此，如果我们承认我们的目的是使集体具有个人的种种属性，那么，我们就要记住特罗特（Trotter）的一个颇有价值的论点，①其大意是：组成集体的倾向，从生物学上说，是一切高级有机体的多细胞特性的延续。②

---

① 《和平与战争时期民众的本能》（1916年）。
② ［1923年增加的脚注：］我不同意汉斯·克尔森（Hans Kelsen）在1922年［对这本著作］所作的一个批评（这个批评在其他方面是颇有见地的和敏锐的）。他说，为"集团心理"提供一个这样的组织，意味着"集团心理"的人格化，就是说，意味着把个人心理过程的独立性归诸"集团心理"。

第四章　暗示与力比多

　　我们是从如下基本事实出发的：在一个集体中，一个个人由于受到集体的影响而在他的心理活动方面发生了往往是非常巨大的变化。他的情感倾向会变得格外强烈，而他的智力能力则显著地下降，这两个过程显然是要朝着接近于该集体中其他成员水平的方向发展。不过这种结果只有在这样两种情况下才发生：他那个人特有的本能方面的抑制已经被取消以及他本身特有的种种倾向的表现已经被放弃。我们已经知道，这些通常是不受欢迎的结果至少可以在某种程度上由于对该集体实行较高程度的"组织化"而被避免。不过这与集体心理学的基本事实并不矛盾，即与下述两个论点并不矛盾：在原始集体中，人的情感得到强化，人的智能受到抑制。现在，我们兴趣转向为个人在集体中所经验到的这种心理变化寻求心理学上的解释。

显然，理性的因素（例如以上提到的个人受到的威吓，亦即他的自我保存本能的行动）并不能解释可观察到的现象。除此以外，我们所得到的在社会和集体心理学上的权威性解释始终是毫无二致的，尽管它有着各种各样的名称。这个解释便是强调"暗示"这个魔词的作用。塔尔德（Tarde，1890年）将暗示称作"模仿"。不过我们还是不由得要同意另一位作者的意见，他坚决主张模仿是从暗示这个概念引申出来的，它其实是暗示的一个结果［布鲁格尔斯（Brugeilles，1913年）］。勒邦把社会现象的所有这些使人困惑不解的特征归结到两个因素上：个人之间的相互暗示和领袖的威望。不过威望也只是以其唤起暗示的能力才被人认识到的。麦克杜格尔暂时给我们的印象是，他的"原始的情绪引导"原则或许可使我们的解释不需要暗示的假设。不过，进一步的考虑却使我们不得不感觉到，这个原则除了它明显地强调情绪的因素以外，和我们熟悉的有关"模仿"或"感染"的论点差不多。当我们在他人身上感觉到一种情绪的记号时，毫无疑问在我们自己身上存在着某种东西，它会使我们陷入同样的情绪之中。但是究竟有多少次我们能成功地抵抗这种过程和抵御这种情绪，并且以全然相对立的方式作出反应？因此，为什么当我们处身于一个集体中时总是会受这种感染的影响？于是，我们不得不再一次说，迫使我们屈从这种倾向的，是模仿作用，在我们心中招惹起这种情绪的，是该集体的暗示性影响。而且，除开这些以外，麦克杜格尔并没有使我们能回避暗示，我们从他那儿听到的观点和其他作者一样，即集体的特点就在于它们特殊的暗示感受性。

因之，我们将同意下述观点：暗示（更正确地说应是暗示感受性）实际上是一种不能再分解的原始的现象，是人的心理生活中的一个基本事实。这也是伯恩海姆（Bernheim）的论点。我曾在1889年亲眼看过他的令人万分惊讶的技巧。但是，我还记得，即使在当时，我已对这种粗野的暗示活动有一种压抑的敌意感。当一个患者显示出不服从的迹象时，便会遭到这样的呵斥："您在干什么？您在反抗暗示！"我自语道，这显然是极不公正的，是一种暴力的行为。因为当人们打算通过暗示使他就范时，他当然有权利反抗这种暗示。后来，我就把矛头指向这样的论点：可用于解释一切事物的暗示作用本身却用不着解释。[①]想到这一点，我复述了一个古老的谜语：[②]

克利斯朵夫生出了耶稣基督，

耶稣基督生出了整个世界，

那么克利斯朵夫当时立足于何处？

经过了大约三十年的时间不碰暗示问题之后，如今我再次

[①]〔例如参见弗洛伊德"小汉斯"病史中的某些论点，（1909年b）《标准版全集》第10卷第102页。〕

[②] 康拉德·里希特（Konrad Richter）：《德国人S·克利斯朵夫》。

来探究这个暗示之谜了。我发现，在这个问题上的情形并没有什么变化(关于这个陈述只有一个例外，而它正好为精神分析的影响提供了证据)。我注意到，人们花了特别大的努力去正确地系统解释暗示这个概念，也就是说，去使这个名词的因袭用法固定下来(例如麦克杜格尔，1920 年 b)这绝非多余的工作。因为这个词的使用范围越来越广，而它[在德语中]的意义却越来越模糊，很快人们就将用它来表示任何一种影响，就像在英语中用它来表明"劝导"、"建议"的意思一样。但是对于暗示的本质，即对于在不具备充分的逻辑基础的情况下发生影响的条件，人们还未给予解释。假如我没有看到一场正是以完成这个任务为宗旨的详尽的研究工作眼下就要展开的话，我是不会回避用对近三十年的文献分析来支持这个陈述的任务的。①

为了抵偿这一点，我试图用力比多的概念给集体心理学的研究带来一些启示。力比多的概念在精神神经症的研究中已经给了我们很大的帮助。

力比多是从情绪理论中借用来的一个语词。我们用它来称呼那些与包含在"爱"这个名词下的所有东西有关的本能的能量。我们是从量的大小来考虑这个能量的(虽说目前实际上还不能对它进行测量)。我们所说的爱的核心内容自然主要指以

---

① [1925 年增加的脚注：]遗憾的是，这项工作并未实现。

性结合为目的的性爱（也就是通常所说的爱以及诗人们吟诵的爱）。不过，我们并不将此与另一些与"爱"的名称有关系的内容割裂开来，如自爱，以及对双亲、对子女的爱，友谊以及对整个人类的爱，同样也包括对具体对象和抽象观念的爱。我们的合理根据在于这样一个事实：精神分析研究表明，所有这些倾向都是同一类本能冲动的表现。在两性关系中，这些冲动竭力要求达到性的结合。但在其他场合，它们的这个目的被转移了，或者其实现受到阻碍。不过它们始终保存着自己原来的本性，足以使自己的身份可以被辨认（例如像渴求亲近和献身的特征）。

因此我们认为，语言在创造出"爱"这个词和它的诸多用法时，早已完成了一项十分合理的统一工作。我们最好的办法莫过于也将这个词作为进行科学讨论和解释根据。当精神分析理论作出这一决定时，着实引起了一场轩然大波，就好像它因为作出了一个残暴的发明而犯下了罪孽一样。然而从这种"广泛的意义"上来解释爱这个词，并不是什么创新的见解。哲学家柏拉图使用的"爱的本能"一词，从它的起源、作用和与性爱的关系方面看，与"爱力"（Love-force）概念，即与精神分析的力比多概念是完全相符的。纳赫曼佐恩（Naohmansohn）（1915年）和普菲斯特尔（Pfister）（1921年）已经十分详尽地指出过这一点。而当使徒保罗在他著名的《哥林多书》中对爱赞颂备至、奉它为至高无上的东西时，他肯定也是从这同样"广泛的"意义上来理解爱的。①可是这些事实只能表明，人们并不总是把他们中间的伟大的思想家认真地当作一回事，甚至在他们极诚恳地声称十二分地崇仰这些思想家的时候也是如此。

因此，精神分析理论把这些爱的本能称作性本能，根据它们的起源称作占有（a potiori）。大多数"有教养的"人们把这个术语看成是一种侮辱，并且满怀报复之意地将精神分析理论贬作"泛性论"。任何一个把性看作是人性的禁忌和耻辱的人，完全可以使用更斯文的雅语："爱的本能"和"爱欲的"。我自己本也可以从一开始起就这样做，这就可避免许许多多的非议和责难。但我不想这样做，因为我不愿意向懦弱无能屈服。人们永远也说不清楚这样的让步会把你引向哪里，先是在用词上让步，然后一点一点地在实质内容上也就俯首就范了。我觉得羞于谈性并没有什么可取之处，希腊词"爱的本能"就是为了使这种粗俗变得婉转一些而使用的，到头来却不过是我们的德文爱这个词的翻版，结果是谁懂得如何等待，谁就不必让步。

我们打算提出这样的假设来试一试运气：爱的关系（或用一个更中性的词语：情感的联系）才是构成集体心理本质的东西。我们可以回想一下，权威们并未提及过这样的关系。相当

---

① "虽然我用人和天使的语言说话，但我没有爱，我成了只会发出声响的铜管，或是一个丁零丁零响的钗钹。"

于这类关系的东西，显然隐藏在暗示作用的屏幕后面。我们的假设一开始就从眼下流行的两种思想中得到了支持：首先，一个集体显然是被某种力量联结起来的，这种联结除了归功于那能把世界上一切事物联系起来的爱的本能以外，还能更恰当地归功于什么力量呢？其次，倘若一个个人在一个集体中放弃了他的特点，而让其他成员通过暗示作用来影响自己，这就会使人想到，他这样做是因为他感到有必要与他人保持和谐，而不是与他人相对立——也许说到底他是"为了爱他们"。①

---

① ［惯用语"为了他们"照字面解释即"为了对他们的爱"。在弗洛伊德《性欲理论三讲》（1905 年 a）《标准版全集》第 7 卷第 134 页，第四版的前言中也可看到与以上最后三段文字内容相似的思想。］

第五章　两种人为构成的集体：教会和军队

回想一下我们所知道的各种形态的集体，可以发现，这些集体具有极大的差别和相反的发展路线。有一些集体存在的时间十分短暂；有些集体则是非常长久地存在着；有些是同质的集体——它们由同样类型的个人组成，有些则是异质的集体；有些是自然形成的集体，而有些则是人为形成的集体——它们需要外部的力量使其聚合不散；有些是原始的集体，而有些则是具有确定结构的高度组织化的集体。不过由于某些尚待说明的理由，我们打算特别强调一下通常为论述这个课题的作者所忽略的一个区别。我这里指的是无领袖的集体和有领袖的集体之间的区别。与通常的做法完全相反，我们不选择一个相对简单的集体形式作为自己的出发点，而从高度组织化的、持久存在的、人为构成的集体着手。具有这类结构的集体的最有趣的例子是教会——由信徒组成的团体——和军队。

一个教会和一支军队都是人为构成的集体，也就是说必须有一定的外部力量来防止其瓦解①或阻碍其结构的改变。一个人在是否要加入这样的集体问题上，通常是没有同他人商量的余地的，或者说他没有选择的自由。谁要是打算脱离这样的集体，一般都要受到迫害或严厉的惩罚，要不就需具备十分明确的附加条件。不过我们目前的兴趣全然不在探讨这些团体何以需要如此特殊的保护措施上。我们深感兴趣的是另一种情况，即从这些高度组织化的、以上述方法防止溃散的集体中能清楚地观察到某些事实。这些事实在其他类型的集体中被深深地隐藏起来。

在一个教会中（我们可以用罗马教会作典型）和在一支军队中——不管这两者在其他方面如何不同——它们的成员都具有同样的错觉，认为自己有一个头领。这个头领在罗马教会中是基督，在军队中是司令官。这个头领对这个集体中的所有个人都施以平等的爱。任何事情都要依赖这样的错觉。假如这样的错觉消失了，那么，只要外部力量允许，无论是教会还是军队都难免解体。基督特别说明过这种平等的爱："只要你稍稍侵犯了我的兄弟，你就是侵犯了我。"对这个信徒团体内的成员

---

① ［1923 年增加的脚注：］在集体中，"稳定的"和"人为的"属性似乎是一致的或至少是密切相关的。

来说，基督的身份是长兄，他是他们的代理父亲。所有对个人提出的要求都出于基督的这种爱。在教会中始终存在着一种民主的倾向，原因正是在于：基督面前人人平等，每个人都能平等地分享到他的爱。在基督教团体中有点像在一个家庭中，信徒们以基督的名义互称兄弟，即他们是通过基督赐予他们的爱而成为兄弟的。这种现象不是没有深刻原因的。毋庸置疑，把每个人同基督联结起来的纽带也就是把这些个人相互联结起来的根据。在军队中情况亦完全如此。司令官是一个父亲，他平等地爱着所有的士兵，因此这些士兵才相互成为同志。军队的结构与教会有所不同，它是由一系列这样的集体组成的，每一名指挥官就好像是他所属军团内的司令官和父亲，而且连每一个班里的军士都有如此身份。当然在教会中也建立了类似的等级阶梯，不过从经济原则上^①看，它在教会中并不起同样的作用，因为基督比人间的司令官对个人有更多的了解和关怀。

　　这一关于军队具有力比多结构的观点将遭到人们的非议。他们的理由是，那些使军队中的人们紧紧团结在一起的重要因素即祖国和民族荣誉等观念在这个力比多结构中根本没有地位。我们的答复是，那是另一种集体纽带的一个例子，它们不再是这样简单的联系。因为，像恺撒、渥伦斯坦或拿破仑这样伟大的将军的例子已经表明，这样一些观念对于一个军队的存

----

　　① 〔即从有关心理力的量的分布上来说。〕

在，并非是必不可少的东西。我们眼下将接触的问题是，用一个主导观念来代替一个领袖的可能性，以及这两者之间的关系。在一支军队中，即使这种力比多的因素不是惟一起作用的因素，对它的忽视似乎也不仅是一种理论上的疏忽，而且还会在实践上造成一种危险。像日耳曼科学那样非心理学的普鲁士军国主义在［第一次］世界大战中或许已经尝到了这种苦头。我们知道，人们把瓦解了德国军队的战争型神经症看作是个人对他被要求在该军队中所起的作用的一种反抗；根据西梅尔（Simmel，1918 年）的报道，也许可把这些人的上级对他们的虐待看作是导致这种疾病发生的最主要原因。如果人们对力比多要求在这一方面的重要性更加重视一些，那么美国总统异想天开的十四点允诺也许就不至于如此被轻信了，而德国军队这一出色的工具也不会在德国领袖手中夭折了。①

人们可以注意到，在这两种人为构成的集体中，每一个个人由力比多的纽带一方面同他们的领袖（基督、司令官）系在一起，另一方面则同该集体中的其他成员系在一起。这两条纽带的相互关系如何，它们是否属于同一性质和具有同样价值，在心理学上如何来描述它们——这些问题都需待后面的研究。但是，在此我们却先要大胆地对以前的一些作者稍加责备，因为

---

① ［弗洛伊德曾希望将这段话作为 1922 年英译本的一个脚注，然而在所有无论是 1922 年以前还是以后的德文版本中，它都是出现在正文中的。］

他们从来没有对领袖在集体心理中的重要性予以充分的估计，而我们则选择这一点作为我们的第一个研究课题，这样便已使我们处于一个更有利的地位。看来我们在解释集体心理学的主要现象——个人在集体中缺乏自由——方面，好像选择了一条正确的道路。假如每个个人在两个方向上被这样一条强烈的情感纽带束缚着，那么我们将毫无困难地认为，正是这种状况造成了个人在人格方面如我们已经看到的那些变化和受限制的现象。

在军事团体中可以得到最好的研究的惊恐现象，也提供了一个启示可以说明：一个集体的本质在于它自身存在的一些力比多联系。如果一个军事团体发生溃散，便会产生惊恐。这种惊恐的特征是，人们不再听从上级发出的任何命令，每个个人只关心他自己的利益，而不顾他人的安危。人们相互间的联系已不复存在，一片巨大的、无谓的恐惧无限制地扩散开来。在这一点上，有人自然会再次提出反驳，他们认为事实正好相反，是因为恐惧感无限地增大才使得人们全然不顾所有的联系和关心他人的一切感情。麦克杜格尔（1920年a，第24页）曾使用惊恐现象（虽然不是军队中的惊恐）作为说明情绪通过他十分强调的那种感染（原始感应）而得到增强的典型例子。然而这种理性的解释方法在这里是不足以说明问题的。需要进行解释的真正问题在于：这种恐惧何以会变得如此巨大。该军队所遇危险的严重程度并不能说明问题。因为目前这个陷入惊恐的军队以前也曾面临过同样巨大、甚至更大的危险，但都胜利地克服了。就惊恐现象的真正本质来说，它与威胁人们的危险毫无关系，它经常是在一些很微不足道的场合爆发的。如果一个陷入了惊慌恐惧之中的人开始只顾自己的安危，那么他这时的行为本身就证明，那种情绪的联系，那种一直使他能对危险无所畏惧的联系，已不复存在。既然他现在是独自面对危险，他肯定会把这危险想得更严重些。因此，事实是这样的：那种惊慌恐惧的发生是以这个集体中的力比多结构的松弛为前提的，而且是以合理的方式对这种松弛所作出的反应。这样一来，相反的观点，即认为由于在危险面前的恐惧而使集体中力比多的联系遭到破坏的观点，也就可以被否定了。

我们的这些观点与下述论点并不矛盾：在一个集体中，感应（感染）的作用会使恐惧现象极度加剧。当遇到一个真正巨大的危险时，当该集体中不存在牢固的情感联系时——例如当一个剧院或一个娱乐场所爆发了一场火灾时便满足了这些条件——麦克杜格尔的观点就完全可以用来说明这种情况。但是真正有教益的、最适用于说明我们的目的例子是上面说过的那种例子，即一支军队虽然遇到的是并未严重到异乎寻常的地步，而且以前也经常遇到的危险，但却完全陷入了惊慌失措之中。我们不能要求清楚地、毫无歧义地确定一下"惊恐"这个词的用法。有时它被用来描述一切集体性的恐惧；有时它甚至被用来描述某个个人的恐惧（当这种恐惧超出一切限度的时候）；人们好像还经常专用它来表示一种没有事实根据地爆发出来的恐惧。如果我们在集体的恐惧这一意义上来使用"惊恐"一词，那就可以作出一个意义深远的类比。个人身上发生的恐惧不是因为遇到巨大的危险，就是因为情感联系（力比多精力贯注）中断了，后者就是神经症性恐惧和神经症性焦虑发生的原因。[1]而惊恐，则正是以同样的方式，或者产生于普遍危险的增长，或者是起因于维持集体的情绪联系的消失，后一种情况类似于神经症性焦虑的情况。[2]

谁要是像麦克杜格尔（1920 年 a）那样将惊恐现象看作是"集团心理"的最显著功能之一，那么谁就会得出这样一个悖论，即这种集团心理在它的一个最显著的表现形式之中消灭它自身。惊恐的发生意味着一个集体的解体，这是毋庸置疑的，它表明该集体成员在其他场合相互给予的一切感情关照都已不存在了。

关于一场惊恐爆发的典型描述可见内斯特罗伊（Nestroy）为讽刺黑贝尔（Hebbel）的描写朱迪斯和霍洛弗纳斯的剧本而写的模仿作品。一个士兵惊叫道："将军的头被砍掉了！"闻此喊声所有的亚述人惊慌逃散。将领之在某种意义上的丧失或者他身

---

[1] 参阅我的《精神分析引论》（1916—1917 年）第 25 讲。［还可参阅《抑制、症状和焦虑》（1926 年 a）。］

[2] 请参阅贝拉·冯·费尔采齐（Béla von Felszeghy）有趣的但有点过于幻想的论文《惊恐和泛情结》（1920 年）。

旁不安情绪的产生导致了惊恐的发生，虽然本来面临的危险并没有变化。一般说来在集体成员和领袖之间联系消失的同时，成员之间的相互联系也消失了。这个集体土崩瓦解就像鲁佩特王子的溶液滴的尾部中断时那样。

一个宗教集体的解体则不是那么容易观察到的。不久前我得到了一本英语小说，内容是讲天主教的起源。它是由伦敦的一位主教推荐给我的。它的题目是《黑暗的时刻》①，我觉得，它为宗教集体解体的可能性和后果描述了一幅十分巧妙而令人信服的图画。这部小说据说是影射当代的。它讲了一个由一些反对基督和基督教信仰的人们所制造的一个阴谋的故事。这些人成功地安排了一场在耶路撒冷发现一个圣墓的事件。在这个圣墓中有一块石碑，上面写道，亚利马太城的约瑟承认，出于对基督的虔敬，他在基督入葬后的第三天将他的尸体秘密转移到现在这个地点。这样一来，基督复活的事实连同他的圣性被否定了。这个考古发现给欧洲文明带来了极大的震动，一时间所有的犯罪活动和暴力行为剧增，直到伪造者的阴谋被揭露之后，这场风波才得以平息。

伴随着这里假设的宗教集体的解体而出现的现象都不是恐惧，这种时候不存在恐惧。代替恐惧而出现的，是对别人表现出残忍和敌意的冲动，这种冲动在以前由于基督的平等的爱而

---

① 〔作者：盖伊·索恩(C·兰杰·古尔的笔名)。该书1903年发表时十分畅销。〕

无法表现出来。①不过即使在基督的王国里，那些不属于信徒团体的人们，那些不爱基督的人们，那些不被基督所爱的人们，依然处在这种联系之外。因之，一个宗教，即便它自称是爱的宗教，对于那些异教徒也必定是冷酷无情的。从根本上说，其实每一种宗教都是这样的。对它自己的信徒来说，它是爱的宗教，对那些异教徒来说，则是残酷而褊狭的宗教。这在每一种宗教看来都是很自然的事情。不管我们作为个人而言要理解这一点有多么困难，我们都不要因此过于严厉地责怪信徒们。在［残酷和褊狭］这种事情上，那些不信教或保持中立的人们的境况从心理学方面看要好得多。如果说这种褊狭现象今天已不再像前几个世纪那样暴戾和残忍了，那么我们也几乎不能得出结论说，人类的行为方式已经变得仁慈和善了。这种变化的原因毋宁在于：宗教情感和依赖它们的力比多联系已经发生了不可否认的弱化。如果另一种集体的联系代替了这种宗教的联系，——社会主义的联系看来成功地做到了这一点——那么它对局外人也会采取宗教战争时代那样的褊狭态度。如果科学见解之间的分歧对于集体来说具有类似的重要性，那么同样的结果也会在这个新的动力驱使下再次重复出现。

---

① 请参阅费德恩在《没有父亲的社会》（1919 年）中对君主的家长制权威废除后出现的类似现象所作的说明。

第六章 其他问题和研究线索

至此为止我们已经考查了两种人为构成的集体，发现它们都是被两种情感联系支配着的。其一是与领袖的联系，这种联系看来（在这些集体中无论如何）要比另一种联系，即集体成员之间的联系更具决定性的作用。

关于集体的不同形态问题还有许多内容要加以考察和解释。我们应该从这样一个确定的事实出发，即人们单纯地集合起来还不是一个集体，因为它不存在这种情感联系。不过我们也应承认，在任何一群人中，形成心理集体的倾向是很容易发生的。我们必须注意一些不同种类的多少是稳定的、自发形成的集体，去研究它们形成和解散的条件。尤其是我们应该关注有领袖集体和无领袖集体之间的差别。我们应该考虑：有领袖的集体是否并非一种更原始更完全的集体形式；在其他一些集体形式中，一个观念、一种抽象是否无法替代领袖（具有无形领袖的宗教集体构成了一种向有领袖状态的过渡阶段）；一种共同的倾向，一个许多人共有的愿望，是否不能以同样方式来替代领袖的作用。再说这种抽象或许可以完全体现在我们称作副职领袖的人物身上。观念与领袖之间的关系会发生种种有趣的变化。领袖或权威的观念也可以是消极的；对某一特定的个人或制度的憎恨也同样可能起统一的作用和产生同样类型的积极维系人心的情感联系。这样一来，也会产生这样的问题：一个领袖人物对于一个集体的本质来说是否真的必不可少。——此外，还产生一些其他问题。

但是所有这些问题（它们在集体心理学的文献中已经部分地被人们研究过了）依然无法转移我们对于研究在集体的结构方面所遇到的那些心理学基本问题的兴趣。我们的注意力将首先集中在这样的一个考虑上，即哪一个心理学基本问题可以用最直接的方法引导我们达到一个证明——证明力比多联系是集体的特征。

让我们认识一下人与人之间一般具有的情感关系的性质。叔本华有一个著名的比喻：一群冻僵了的豪猪中没有一个能够忍受因太密切地接近它的同伴所产生的后果。[①]

---

① "一个寒冷的冬天，一群豪猪相互之间紧紧地挤在一起，它们都想借助同伴的体温来使自己免于冻死。但是它们很快就感到对方的刺扎在自己身上，于是不得不又分散开来。但当它们为了取暖又重新聚拢时，被刺疼的烦恼又发生了。于是它们为了躲避这两种烦恼而不停地散开和聚拢，直至最后它们发现了一个最能忍受的适中的距离。"（《附录和补遗》第2部分，第31页，"比喻和寓言"。）

精神分析提供的证据表明：在两个人之间持续存在的几乎每一种密切的关系中，如在婚姻、友谊、父母和子女的关系中，[①]都会逐渐产生一种厌恶和对立的情绪，只是因为压抑而未被感觉到罢了。[②]但是通常在同事间发生的口角中和下级对上级的抱怨中，这种现象就带有较少的伪装色彩。当人们聚合成一些大的单位时，也会有这种现象发生。每当两个家庭联姻后，它们各自便自视比对方地位高或出身好。在两个邻近的城镇中，每一方都是另一方的最充满妒意的敌手。每一个小州都看不起其他的州。血缘很近的氏族却彼此疏远。在德国，南方人不能容忍北方人。在英国，英格兰人则对苏格兰人竭尽诽谤之能事。西班牙人瞧不起葡萄牙人。[③]因此当我们看到，更大一点的差异便会导致几乎是难以克服的反感时，就不再会感到很惊奇了。类似这种情况的有高卢人对日耳曼人的反感，亚利安人对闪米特人的反感，白色人种对有色人种的反感。

　　当这种敌意的情绪是针对那些在其他方面受到我们爱戴的人时，我们把这种情绪称作情感的矛盾。我们用恰恰是在这类密切关系中产生的种种利益冲突的情况来解释这个事实，不过

---

① 也许母亲和儿子的关系可以说是惟一的例外。这种关系是建立在自恋性之上的，它并不会被后来发生的竞争所干扰，而且一种原初的性对象选择的残余会使它得到加强。

② ［在德文第一版中这句话是："它们最初必须通过压抑来消除"。1923 年被改正了。］

③ ［参见《关于微小差异的自恋性》弗洛伊德的第 5 章(1930 年 a)。］

我们的这种解释方法好像有点太理性化了。在对那些人们不得不与之相处的陌生人的毫无掩饰的厌恶和反感情绪中，我们可以看到自爱——自恋的表现。这种自爱的作用是为了保存个人，它的表现好像是认为任何背离这个个人自己特定的发展路线的事情都意味着是对这种路线的批评，都意味着提出了改变这种路线的要求。人为什么会恰恰对这些细小的区别如此敏感，我们还不得而知。不过有一点很清楚，在这整个联系中，人显然随时准备表现出憎恶和进行攻击。至于形成这种状况的原因，则尚未找到，而有人则试图将一种基本的特征赋予它。[①]

　　但是当形成一个集体后，这种不宽容的现象在这个集体内部便暂时地或永久地消失了。只要一个集体的形式存在着，只要在它的限度内，该集体中的个人的举止行为就表现得好像他们是统一的。他们相互宽容其他成员的特点，把自己和其他人看作是平等的，对这些人也不会产生厌恶的情绪。根据我们的理论观点，这样一种对自恋的限制只能从一个因素产生，即与其他人之间的力比多联系。对自身的爱只有一个障碍，即对他人，对对象的爱。[②]这里立即会有人提出一个问题：共同的利益本身，没有任何力比多的性质，难道就肯定无法导致对他人

---

① 在最近发表的《超越唯乐原则》(1920 年 g)一书中，我力图用假定生的本能和死的本能之间存在着对立的观点来将爱和恨这两极连接起来，并且把性本能看作是生的本能的最纯粹的例子。
② 请参见我的论自恋性的论文(1914 年 c)。

的容忍和关怀了吗？对这种反对意见可以这样回答：以这种方式产生的对自恋的限制不会持久，因为随着从与他人合作中获得的直接好处消失后，这种容忍也就不复存在了。然而这种讨论在实践上的重要性并不如想象的那么大，因为经验已经表明，在相互合作的情况下，在同事之间通常形成的力比多联系能使他们之间的关系变得持久而巩固，以致完全超出纯粹利益的范围。在对个人力比多发展过程进行精神分析研究时所常遇见的那种情况也出现在人的社会关系中。力比多依附于对重大生命需要的满足，而且将参与这个满足过程的人们作为它的第一对象。[①]在整个人类的发展进程中，如同在个人的发展进程中一样，惟有爱才是促进文明的因素。因为它使人从利己主义走向利他主义。这不仅是指以遵守所有不损害妇女心爱之物的义务而表现出来的对妇女的性爱，而且还指在共同的工作中建立起来的对其他男人的非性欲的、崇高的同性爱。

因此，假如在集体中，自恋性的自爱受到了某些在集体之外所没有的限制，那么这就是一个有力的证据，证明一个集体形成的本质在于该集体成员之间的某些新的力比多联系。

现在，我们的兴趣引导我们来解决这样一个迫切的问题：在集体中存在的这些联系是什么性质的。在对神经症的精神分

---

① ［参阅弗洛伊德《性欲理论三讲》第 3 讲，第 5 节，（1905 年 d）《标准版全集》第 7 卷第 222 页。］

析研究中，我们迄今为止几乎一直是在特别注意那种由依然在追求直接性目的的爱的本能形成的与对象之间的联系。在集体中，显然不存在那样一种性目的的问题。在这里，我们关心的是已经偏离了原来目的的爱的本能，尽管它们的活动能量并不因此而减弱。如今在通常的性对象注情范围内，我们已经观察到某些现象，它们表明这些本能偏离了它们本来的性目标。我们把这些现象称作爱的度，并且发现，它们包含了对自我的某种侵犯。现在我们要把注意力更多地转向这些爱的现象，渴望在它们中发现一些可以用来解释集体内存在的联系的条件。不过我们希望搞清楚，这种对象性注情是否正如我们在性生活中看见的那样，代表了与他人情感联系的唯一方式，还是我们应把一些其他种类的机制也考虑进来。事实上，我们从精神分析中得知，确实还存在着其他一些情感联系的机制，即所谓的自居作用。①这是一个还不太清楚的过程，还很难描述它。对这个自居作用的研究将使我们暂时离开集体心理学的主题。

---

① ［弗洛伊德在《释梦》(1900 年 a)的第 4 章中，以及在《忧伤和忧郁症》(1917 年 e)论文中也已讨论过自居作用的问题，不过不太详细。参阅《标准版全集》第 4 卷第 149—151 页。在 1897 年 5 月 31 日给弗利斯的信的草稿 N 中也已谈起过这个问题(弗洛伊德，1950 年 a)。］

第七章　自居作用

　　自居作用是精神分析理论认识到的一人与另一人有情感联系的最早的表现形式。在奥狄帕司情结的早期史上，它发挥了一定的作用。一个小男孩会表现出对他的父亲有一种特殊的兴趣，他希望长得像父亲一样，在各个方面都代替他的父亲。我们可以简单地说，他把他的父亲作为自己的典范。这种表现与以一种被动的或女性的态度对待父亲（和对待一般的男性）的情况无关。相反，它是一种典型的男子气。它十分符合奥狄帕司情结，并为它做好了准备。

　　就在这种以父亲自居的同时，或稍晚一些，这个小男孩开始按照依恋[情绪依恋]形式对他的母亲展开一种真正的对象性注情。[①]因此他就表现出两种心理学上不同的情感联系：对母亲的直接性对象注情和以父亲为模特儿的以父亲自居。这两种情感联系并肩存在一段时期，相互间并无影响或干扰。由于它们不可阻挡地朝着统一的心理生活发展，最终汇合在一起，而正常的奥狄帕司情结就产生于这种汇合。这个小男孩注意到，他的父亲是他和他母亲之间的障碍，于是他以父亲自居的行为中就带上了敌意的色彩，变成了这样一种愿望，即在对待母亲方面也要代替父亲。事实上，自居作用从一开始就是矛盾的情绪，它既能容易地表现为对某人的亲切，也能同样容易地转化要排除某人的愿望。它的表现就像力比多组织最早的口欲期衍化现象一样。在这个时期，我们总是将渴望得到的和十分喜欢的对象放在嘴里，这个对象本身通过这种方式被消灭了。我们知道，食人者就停留在这个水平上，他虽然对他的敌人有吞食的欲望，但只吞食他喜欢的人。②

这种以父亲自居的后期发展情况很容易被忽略。后来可能发生这样的情况，奥狄帕司情结发生了逆转。父亲被看作是一种女性态度的对象，一种直接的性本能寻求满足的对象，这时以父亲自居的现象就变成了一种与父亲的对象联系的前驱。通过必要的替换，这种描述同样适用于女婴的情况。③

对于以父亲自居的作用与选择父亲作为一个对象的作用之

---

① ［参阅弗洛伊德论自恋性文章(1914 年 c)的第 2 节。］
② 参阅我的《性欲理论三讲》(1905 年 d)［《标准版全集》第 7 卷第 198 页］和亚伯拉罕 1916 年的著作。
③ ［"完整"的奥狄帕司情结包括"阳性的"形式和阴性的形式。弗洛伊德在《自我与本我》(1923 年 b)的第 3 章中讨论过这个问题。］

间的区别，我们很容易用一个公式来陈述。在第一种场合，一个人的父亲就是他所要成为的，在第二种场合，他的父亲就是他所要占有的。也就是说，这种区别取决于是与自我的主体发生情感联系还是与自我的客体发生情感联系。在作出任何性对象选择之前，前一种联系就可能早已存在了。但要对这种区别作出清楚的元心理学方面的描述，就困难得多了。我们只是看见，自居作用就是一个人试图按照另一个作为模特儿的人的样子来塑造他自己的自我。

当自居作用出现在一种神经性症状的结构中时，让我们把它与它的颇为复杂的关系区别开来。假定有一个小姑娘（目前我们将专门讨论她）和她的母亲有着同样痛苦的症状。比如她们患了同样剧烈的咳嗽病。这种情况可以由各种原因引起。这时从奥狄帕司情结中就可能产生出自居的作用。在这种情况下，它代表了姑娘的一种恶意的愿望，即要代替她的母亲。这种症状表示了她对她父亲的对象爱，在一种罪恶感的影响下，这种症状实现了她取代她母亲的愿望："你想成为你的母亲，现在你如愿了——不管怎么说就你患了与母亲一样的病而言，你如愿了。"这是歇斯底里症状结构的完整机制。或者，从另一方面说，这种症状也可能与所爱的人的症状一样，如朵拉[①]

---

① 参阅我的《对一个歇斯底里病例的分析片断》（1905 年 e）《标准版全集》第 7 卷第 82—83 页。

模仿她父亲的咳嗽样子。在这种场合，我们只能这样来描述事情的状态：自居作用已经代替对象选择而出现，对象选择已经退行到了自居作用。我们已经知道，自居作用是最早的、最原始的情感联系形式。人们经常看到，在症状形成的条件下，也就是说当出现压抑和无意识的机制起主导作用时，对象选择作用就退行成为自居作用，亦即自我采取了对象的特征。必须注意的是，在这些自居作用中，自我有时模仿他不爱的人，有时则模仿他所爱的人。另有一点也必定会使人感到震惊：在这两种情况下，自居作用都是片面的、极端有限的，只从作为他的对象的人身上吸取一个单独的特性。

还有第三种时常发生并且十分重要的症状形成事例，在这种事例中，自居作用完全不考虑与所效仿的人的任何对象关系。例如有一个寄宿学校的女生，她收到了她暗地里爱着的一个人的来信，该信的内容引起了她的嫉妒，于是她患上了暂时的歇斯底里症。后来另一个知道内情的女生——用我们的话说——通过心理上的感染作用也暂时患了这种病。这种机制就是自居作用的机制，它的基础是使自己处在与他人同样地位的愿望和可能性。其他的姑娘也向往着有秘密的恋爱事件，在一种罪恶感的影响下，她们也陷入了这种秘密恋爱所带来的痛苦之中。有人以为她们接受这种症状是出于同情，这是错误的。相反地，同情只能产生于自居作用。证明这一点的事实是：只有当一个女子学校中的朋友们之间预先存在的同情心甚至比往常更少的情况下，这种感染或模仿的现象才会发生。一个自我在某一点上——我们的例子中是在容纳类似的情感上——感觉到了与另一个自我的有意义的类似点，于是在这一点上构成了自居作用。并在相同致病情境的影响下，这种自居作用转移到某个自我所产生的症状上。这样一来，这种以症状为形式的自居作用成了两个自我之间一直被压抑着的一致点的标志。

我们把以上所说的三种原因总结如下：第一，自居作用是与一个对象情感联系的原初形式。第二，自居作用通过退行的形式变成了一种力比多对象联系的替代者，就好像通过内向投射将对象归入自我那样。第三，自居作用可能会随着对其他不是性本能对象的人也具有的共同性质的某种新的感觉而产生。这种共同性质愈重要，这种局部的自居作用也就愈成功。因此，它也许代表了一种新的情感联系的开端。

我们早就开始推测，集体的成员之间的相互联系属于这样一种自居作用，它是建立在一个重要的情绪的共同性质之上的。我们可以猜想，这种共同性质就是与领袖的联系。可能还会产生另一种怀疑，即我们还远远没有将自居作用的问题完全弄清楚。我们还面临着一个心理学上称作"感情移入"的过程，这种过程在理解其他人内心存在的那些我们生来就很陌生的东西时发挥着最大的作用。不过在这里，我们将只局限于对自居作用产生的直接的情绪结果进行讨论，而撇开它在我们理智生活中的意义。

精神分析研究已经偶尔地着手解决过较困难的精神病问题。它也给我们指出了在其他一些情况下存在着的自居作用。这些情况无法被直接理解。我将详细地讨论其中两种情况，以此作为我们深入研究的材料。

男性同性恋的很大一部分发生原因如下：[①]一个男童在奥狄帕司情结的意义上一直不寻常地、长期强烈地固恋着他的母亲。但是最后在青春期结束时，他开始用另外一个性的对象来代替他的母亲，于是使事情发生了一个突然的转变。这年轻人并没有抛弃他的母亲，而是以她自居；他将自己变成了他的母亲，并开始寻找能取代他的自我的对象，以便能将自己从母亲那里体验到的爱和关怀给予这个对象。这是一个经常发生的过程，它随时都可被人们证实，而且很自然地同任何可能作出的关于这种突然转变的器质性机制动机的假设无关。在这种自居作用中，一个十分触目的特征是它的巨大规模，它按照迄今为止被当作对象的模特儿来重新塑造自我的重要特征之一——性的特征。在这个过程中，对象本身被抛弃了，至于是完全地被抛弃还是只在被保留在无意识中的意义上被抛弃，这与我们目前讨论的问题无涉。以一个被抛弃或丧失了的对象自居，以自

---

① ［参阅弗洛伊德关于列奥那多的研究（1910 年 e）第 3 章。其他有关同性恋原因的机制讨论请参阅第 158 页以后和第 231 页以后。］

己作为那个对象的替身——通过内向投射而将它投入自我——这些现象对我们来说确实已不再是什么新奇的事了。在幼童中，我们有时可以直接观察到这样一种过程。不久前在《国际精神分析杂志》上发表了一篇谈这类观察现象的文章。一个小孩子因为他的一只小猫死了而闷闷不乐，他干脆宣布，现在他自己就是这只小猫。于是他在地上到处乱爬，不愿坐在桌边吃饭，他表现出了种种这类行为。①

在对忧郁症②的分析中，还发现另一种将对象内向投射的事例。在所有忧郁症最显著的病因中，真正失去或从情感上失去某个所爱对象是最主要的病因。在这些忧郁症病例中一个最引人注目的特征便是对自我的残酷的自贬，同时伴随着无情的自我批评和痛苦的自我责备。分析表明，这些蔑视和责备归根到底是针对对象而发的，是自我对这个对象进行报复的表现。这个对象的影子已经投射到这个自我身上，我在别处曾指出过这一点。③把对象的内向投射现象在这里是清楚无误地表现出来了。

但是从这些忧郁症中，我们还可以看到另外一些东西，它们对我们后面的讨论可能是很重要的。它们表明，自我分成了

---

① 参阅马尔库斯茨维采（Marcuszewicz）1920 年的文章。
② ［弗洛伊德习惯于用忧郁症这个词来表示现在人们称作"抑郁症"的那些症状。］
③ 参阅《忧伤和忧郁症》（1917 年 e）。

两半，一半激烈地反对着另一半。这后一部分已经被内向投射的作用改变了，它包含着那个失去了的对象。不过我们对那个表现得如此残酷的一半也不是一无所知，它是由自我中的良心和批判能力构成的。即便在正常的时候，它对自我也采取一种批判的态度，不过没有这么无情、这么不公正罢了。在以前几种场合，①我们被迫提出这样的假设：在我们的自我中逐渐形成了这样的一种能力，它可能使自己同自我的其余部分脱离开来，并与之产生冲突。我们称它为"自我典范"，并把自我观察、道德良心、梦的潜意识压抑力、压抑的主要影响等归于它的作用。我们已经说过，它是幼稚的自我从中享有自负的原始自恋现象的继续。它逐渐地从周围环境的影响中收集起环境对自我提出的而自我却不能始终达到的要求，结果是，一个人当他不能通过自我本身得到满足时，就有可能从那个已从自我中分化出来的自我典范中寻得满足。正如我们将要进一步指出的，在被监察妄想中，自我的瓦解已经变得很明显，并且显露了自我典范的根源是来自超越父母的更高级权力。②不过我们不要忘记补充一句，在自我范典与真正的自我之间的距离究竟有多大是因人而异的。在许多成年人身上，自我内部的这种分化并没有比儿童发达多少。

---

① 参阅我的论自恋性的论文（1914 年 c）和《忧伤和忧郁症》一文（1917 年 e）。
② 参阅我的论自恋性的文章的第 3 节。

然而，在我们能应用这个材料来理解集体中的力比多结构之前，必须考虑一下另外一些表明对象和自我之间相互关系的例子。①

---

① 我们十分清楚，用这些来自病理学的例子并不能完全阐明自居作用的本质，结果是我们对集体形式之谜的某些内容仍然未有触及。在这一方面，必须插入一个更为基本，更为复杂的心理学分析。自居作用通过模仿而导致感情移入，即使我们能理解那些致使我们对另一种心理生活采取任何态度的机制。加之，现存的自居作用中还有许多表现形式有待解释。这些作用尤其会限制一个人对他以之自居的人们所采取的攻击态度，使他宽恕他们，为他们提供帮助。对这类自居作用的研究，就像对那种例如作为部落感情基础的自居作用的研究一样，使罗伯逊·史密斯（Robertson Smith，《血缘与婚姻》，1885 年）作出如下令人震惊的发现：它们是建筑在[该部落成员]拥有一个共同的东西这一基础之上的。甚至从大家都有相同的一块肉这一情况中也会产生出这样的自居作用。这种特征使我们可以将这类自居作用同我在《图腾与禁忌》中建立的人类早期的家族史联系起来。

第八章　爱和催眠

语言的用法，即便在其反复无定性方面，对某种实在来说也不失为真。因此，它给了"爱"这个名称那么多种的情绪关系，这些关系也被我们从理论上统统归于爱的名下。不过人们仍不免产生怀疑：这个爱是不是真正的、真实的、实在的爱，是否因此提示了爱的现象领域中存在的所有可能性。从我们自己的观察中获得这种同样的发现是毫无困难的。

在某一类情况下爱无非是性本能以直接的性满足为目的的对象性情感贯注。当目的达到后，这种情感贯注现象便消失了。这就是人们所说的普通的、感性的爱。但是，正如我们知道的，力比多的情况就没有这样简单了。它要能够肯定地预料到刚才消失的需要重新恢复，这无疑就成了在性对象身上引起持续的情感贯注的最初动力，而且也是在冷静的间歇中致使

"爱"上对象的最初动力。

在这一方面，必须补充说明另外一个因素，它取自人类性生活所遵循的一个显著的发展过程。这个过程的第一阶段通常是在儿童五岁时结束的。在这一阶段中，他在双亲中的某一个身上发现了最初的爱的对象，他所有的性本能以及满足的要求都与这个对象联系在一起。但是后来出现的压抑则迫使他放弃绝大部分这种儿童期的性目的。因而在他与双亲的关系中引起了深刻的变化。他虽然还与双亲保持着联系，但是维系这种联系的本能成了"其目的受到抑制"的本能。因此他对他所爱对象的感情带上了"亲切的"特征。人们清楚地知道，这种最早期的"感性"倾向还多少强烈地保留在无意识之中，因此在一种意义上，整个原始的倾向还继续存在着。[①]

我们知道，在青春期出现了新的非常强烈的有直接性目的的冲动。在一些不利的场合，它们以一种感觉流的形式与那种持续存在的"亲切的"情感倾向保持分离。因此在我们面前就展现出这样一幅图景，某些文学流派十分乐意将它的两个方面典型化。一个男人会对一个他万分钦佩的女人产生极强烈的感情，但是她不会致使他有什么性的活动。相反他会只与另一个他非但不"爱"，反而轻视甚至憎恶的女人来往。[②]但是更经常

---

① 参阅我的《性欲理论三讲》（1905 年 d）。[《标准版全集》第 2 卷第 200 页。]
② 《论爱的领域中普遍降格的倾向》（1912 年 d）。

出现的事实是，这个处在青春期的少年会达到一定程度的综合，即在非感性的、神圣的爱和感性的、世俗的爱之间达到一种综合。他与他的性对象的关系具有这样的特征，即无抑制的本能和其目的受到抑制的本能产生了相互作用。与纯粹的感性欲望相比较，对任何人所爱的深度可以通过测定其在这种爱中含有多少目的受抑制的爱的本能来决定。

在爱的问题上，性过誉(sexual overvaluation)现象始终令我们深感吃惊。这种现象表现为这样的事实：那个被爱上的对象在某种程度上可以免遭挑剔，它身上的所有特点都比那些未被爱的对象的特点，或确切地说比它自己在被爱上之前的特点得到了更高的评价。假如感性的冲动多少遭到了压抑或阻止，那就会产生这样的错觉：这个对象之所以在感性方面被爱上了是因为精神方面具有的那些优点。然而，相反地，这些精神的优点实际上只通过该对象的感性魅力才表现在它身上的。

在这方面使我们的判断失误的这种倾向即是理想化的倾向。不过现在我们能比较容易地发现我们的方向了。我们注意到，对待对象的方式与对待我们自己的自我的方式是一样的。因此当我们陷于爱之中时，大量的自恋性力比多溢到了对象身上。①甚至明显的是，在很多爱的选择形式中，对象被当作我们自己的某种未能达到的自我典范的化身。我们爱它是因为它

---

① ［参阅弗洛伊德论自恋性的论文的第 3 部分篇首的一段话(1914 年 c)。］

具有那种我们自己的自我所力求达到的完善性。现在我们打算通过曲折的方式把它作为一种满足我们的自恋性的手段。

这种性过誉和这种爱的现象如果愈强烈，那么对这幅图景的解释就会变得愈准确无误。这时那种倾向于直接满足的冲动可能完全变成次要的了，如一个年轻人的炽烈情感经常会发生的那种状况。自我变得愈来愈谦卑，对象则变得愈来愈高贵，直至最后对象完全掌握住了自我的自爱，这样一来出现的一个十分自然的后果是自我作出了自我牺牲。可以说这个对象吃掉了这个自我。在每一种爱的情形中，都存在着谦卑的特点、对自恋的限制以及自贬的特点。在极端的情况下，它们只是得到了强化，并且因为感性要求的撤销，它们便占据了至高无上的地位。

这种情况尤其容易发生在不愉快的和无法得到满足的爱情中。因为不管怎样，每一种性的满足总是会减弱性过誉现象。这种自我对象的"献身"已经和对某种抽象观念的崇高献身毫无差别，随着这种"献身"现象的出现，自我典范所应有的那些功能完全失去了作用，由这种能力所激起的批判力也无声无息了。凡是该对象所作的和所要求的事情都是正确的，都是无可指摘的，凡是为了该对象而去作的一切事情，良心对它们都不起作用了。为了盲目的爱情，一个人可以冷酷无情到犯罪的程度。这整个情形完全可以用一句话来概括：对象是已经被置于自我典范的地位之上了。

现在我们很容易确定自居作用和这种可称作"着迷"或"奴役"的[1]爱的极端发展状况之间的区别。在自居作用中，正如费伦采[在 1909 年]说过的，自我用对象的种种特点来充实自己，将对象"内投"入自身中。而在那种爱的极端发展状况中，自我变得贫乏起来，它使自己屈从于对象，它用对象来取代它自身最重要的成分。不过，仔细考虑一下的话，就立即会清楚地看到，这种解释会制造一种错觉，即把实际上并不存在的对比当作真实的。说实在的，并不存在什么贫乏或充实的问题，我们甚至能把爱的一种极端状况描绘成一种自我已经将对象内投入它自身的状况。另外有一种区别或许能更适合于说明问题的本质。在自居作用中，对象已经丧失了，或被抛弃了，它后来在自我内部又重新形成起来，自我按照这个丧失了的对象在自身中又作了部分的改变。而在另一种场合，对象被保留下来，自我对该对象的高度精力贯注，而以自我的牺牲为代价。不过，这种解释也出现了困难，难道能够肯定，自居作用是以放弃对象的注情为前提的吗？当对象被保留时，是否不可能存在自居作用？在我们开始讨论这个微妙的问题之前，我们已经开始意识到这样一种观点：能够说明问题真正实质的是另一种区别法，即该对象是被置于自我的地位还是置于自我典范

---

① ［弗洛伊德在他的论文《童贞的禁忌》(1918 年 a)前一部分中已经讨论过爱的"奴役"问题。］

的地位。

从爱到催眠显然只有一小步之隔。这两种情形相同的方面是十分明显的。在这两种时刻，对催眠师和对所爱的对象，都有着同样的谦卑的服从，都同样地俯首帖耳，都同样地缺乏批评精神，[①]而在主体自身的创造性方面则存在着同样的呆板状态。没有人能怀疑，催眠师已经进入了自我典范的位置。区别只是在于，在催眠中每一样东西都变得更清晰、更强烈。因此我们觉得用催眠现象来解释爱的现象比用其他方法更为中肯。催眠师是惟一的对象，除此别无他人，自我在一种类似梦境的状况中体验到了催眠师可能要求和断言的东西。这一事实使我们回想起我们忽略了自我典范所具有的一个功能，即检验事物实在性的功能。[②]毋庸置疑，假如自我的实在性是由原先履行检验事物实在性的责任的心理能力来保证的话，自我就会把一个知觉当作实在的东西。造成这种极端现象的原因是，完全缺乏那些其性目的不受抑制的冲动。催眠的关系就是某人在恋爱中无止境地献身，不过它不包括性的满足。然而在实际的爱中，这种满足只是暂时地被抑制了，它作为可能在未来某时会

---

① ［在弗洛伊德《性欲理论三讲》（1905 年 d）第一讲中的一个脚注中以及"精神疗法"一文中已经指出过（1905 年 b）这一点。参阅《标准版全集》第 7 卷第 150 页，第 296 页。］

② 参阅弗洛伊德（1917 年 d）——［1923 年增加的：］但是把这个功能归之于自我典范是否正确，人们还有疑问。这个问题需作详细讨论。［参见《自我与本我》（1923 年 b）第 3 章篇首的脚注，此处已确定该功能属于自我的。］

出现的一个目的而处于次要地位。

另一方面，我们也可以说（假如这种表述允许的话），催眠关系是一种具有两个成员的集体形式。催眠不是一个可以用来与一个集体形式作比较的很恰当的对象，因为更确切地说，它们两者是同一的。从复杂的集体构造中，我们可以提炼出一个因素，即个人对领袖的行为。催眠与一个集体形式的区别在于，它在人数上受到了限制，正如它与爱的区别在于，它缺乏直接的性倾向那样。从这方面看，它处在集体和爱之间的中间地位。

有趣的事实是，正是那些其目的受到抑制的性冲动才能在人们中间造成一种持久的联系。从一个事实中可以很容易理解这一点。这个事实就是，这些冲动是无法得到完全满足的，而那些其目的未受抑制的性冲动则在每次性目的达到后由于能量的释放而格外地减少了。感性爱得到满足后，注定要熄灭。它要是能做到持久存在，就必须从一开始起就应带有纯粹情感成分，也就是带有那种其目的受到抑制的情感成分，要不就是，它自身必须经历一场这种类型的转变。

要不是催眠本身还存在着某些无法得到合理解释的特征，我们或许就能用它来直接解开集体中的力比多成分之谜了。到目前为止，我们把催眠解释为一种将直接的性倾向排斥在外的爱的状态。在催眠中还存在着大量的应被看作未得到说明的神秘莫测现象。它包含着一种从某个强人和某个无力无助的人之间的相互关系中产生出来的额外麻痹因素。这种因素可能会导致向动物中存在的惊悸性催眠现象转变。导致催眠现象产生的方式以及催眠与睡眠的关系我们还不太清楚。那种某些人服从，而另一些人则完全对之抵抗的令人困惑的催眠方法，指出了某个人们还未认识的因素，这个因素在催眠中已经得到了实现，也许惟有靠它才使催眠所显示的力比多态度的纯粹性成为可能。值得注意的是，即使当被催眠者的其他方面都完全地出现了暗示性的顺从现象，他的道德良心也可能表现出反抗的迹象。不过这或许是由这样的事实造成的：在通常进行的催眠过程中，人还保留着一种意识，即认为眼下发生的事情只是一场游戏，是生活的另一种极微不足道情景的不真实的表演。

经过刚才的一番讨论，我们完全可以用一句话来概括一下集体组织中存在的力比多成分情况。至少是我们目前为止所考虑的那样一种集体形式，亦即拥有一个领袖人物和不能通过高度"组织化"来间接地取得一个个人特征的集体。像这样一种原始的集体是由这样一些个人组成的，他们将同一个对象放在他们的自我典范的位置上，结果在他们的自我中，使自己相互以他人自居。可以用下图来说明这种情况：

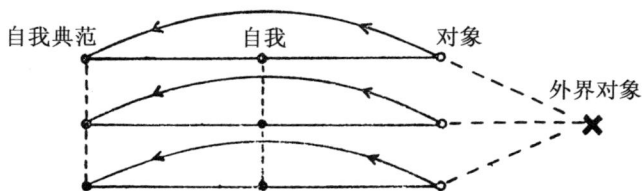

第九章　群居本能

我们不能长久地沉溺于这样的错觉之中，即我们已经根据前述公式解决了集体问题之谜。我们不得不立即不安地回想起，我们实际上所做的一切已经是将问题转移到了催眠之谜上面了。然而在催眠上还存在着如此众多的问题必须搞清楚。现在，另外有一种反对意见为我们指出了下一步研究的途径。

也许有人会认为，我们在集体中所观察到的那种强烈的情感联系就足以用来说明它们的一个特征——在集体成员中缺乏独立性和创造性，所有成员的反应都是相类似的，可以说他们都降低到了一种"集体个人"的水平。但是假如我们从总体上来看待集体，它为我们显示的将不止这些现象。集体所具有的某些特征——智力能力的低下，情绪的失控，不能节制和容易冲动，在表达情绪时易于超越任何限度，并喜欢通过行为将情绪彻底发泄出来——这些以及类似的特征，曾由勒邦作出过十分出色的描述。它们清楚地展现出一幅图画，即人的心理能力退回到了一个我们在野蛮人或儿童中能毫不惊奇地发现的早期阶段。这样一种退行现象特别是普通集体所表现出来的基本特征，而正如我们已经知道，在有组织的、人为构成的集体中，这种现象能在很大程度上被制止。

这样一来，我们认识到了一种状态，在这种状态中，当一个个人的私人情绪冲动和智力行动实在太弱，以至靠它们自身则一事无成时，它们必须完全依靠集体组织中的其他成员以类似方式进行重复才能得到加强。我们记得，这种依赖现象如何大量地成为正常的人类社会的正常组成部分，以及在这种社会组织中所能发现的独创性和个人的勇气是多么微小。我们也记得，每一个个人又是多么厉害地受到那些种族特征、阶级偏见、公众舆论等形式的集体心理态度的支配。当我们承认，暗示的影响不仅由领袖产生，而且由每一个个人对其他人的作用产生时，这种暗示的影响在我们眼里变成了一个更大的谜。我们必须检讨自己以前不公正地强调了同领袖的关系，过分地忽略了其他的相互暗示的因素。

在这种谦虚精神的鼓舞下，我们将倾听另一种意见，它答应提出一个理由更简单的解释。这便是特罗特（Trotter）在他的论群居本能的那本思考周密的著作中阐述的意见（1916 年）。关于这本书，我感到惟一遗憾的是它未完全摆脱由目前这场战争所造成的反感情绪。

　　特罗特认为，以上所说的种种集体心理现象产生于一种群居本能（"群集性"）。①这种本能既是人生来俱有的也是其他动物种类生来俱有的。他认为从生物学上看这种群集性，它就是类似多细胞性的东西，并且仿佛是后者的继续。（根据力比多理论，所有同类生物集合在一起，形成越来越复杂的结构，是力比多原有倾向的进一步表现。②）当个人陷于孤独时，便会感到很不安全，儿童常常感到的这种恐惧似乎早已成为这种群居本能的表现形式了。与人群对立也就等于与人群分离，因此人们竭力要避免这种现象发生。不过，人群是不喜欢新颖的东西或不寻常的东西的。群居本能看来是某种基本的无法再分解的东西。③

　　特罗特列出了一张他认为是基本的本能的名单，如自我保存本能、营养本能、性本能，以及群居本能。群居本能经常与其他本能相对立。罪恶感和责任感是一个群集动物所特有的属性。特罗特认为，精神分析发现的那种存在于自我中的压抑力也是来自群居本能的。同样的，医生在作精神分析治疗时所遇到的抗拒也是来自这个根源。言语的重要性全在于它的在人群中导致相互理解的自然倾向。而个人之间相互以他人自居也大

---

　　① ［这个词本来就用英文表示。］
　　② 参阅《超越唯乐原则》。
　　③ ［这最后半句话本来是用英文表示的。］

大地依赖于这种倾向。

当勒邦主要在研究典型的暂时的集体形式,而麦克杜格尔在研究稳定的团体形式时,特罗特则将最一般化的集体形式作为自己关注的中心。作为政治动物①的人在这种集体形式中度过他们的一生。特罗特为我们说明了这种集体形式的心理学基础,但是他认为没有必要去追溯群居本能的根源,因为他已经指出过,群居本能的特征就是基本的、不能再还原的。他提及了波里斯·萨迪斯(Boris Sidis)力图将群居本能的起源追溯到暗示感受性的做法,就他来说,这种做法幸而是多余的。这是一种十分熟悉的,但又不能令人满意的解释。相反的看法,即暗示感受性是从群居本能产生出来的观点,在我看来则可能给这个问题的解决以更多的启示。

特罗特的观点尽管比其他人的观点更正确,但是它还有一个问题未解决,即它几乎没有考虑领袖人物在一个集体中的作用。因而我们毋宁倾向于接受它的反面观点,即若是忽略了领袖的作用,就不可能把握住一个集体的本质。群居本能理论完全没有承认领袖的作用,它认为,领袖人物几乎是偶然地落入人群之中的。这种群居本能说也没能指出一条从这种本能通向需要一个上帝的途径,这种牧群是没有牧人的。除此以外,我们还可以从心理学方面来驳斥特罗特的论点。这就是说,不管

①〔这个词来自亚里士多德的《政治学》1252 年 b。〕

怎样都有可能证明群居本能并不是不可还原的。它并不是像自我保存本能和性本能那样的一种基本本能。

　　要追溯群居本能的个体发生状况自然不是一件容易的事。然而当小孩子们孤独时所表现出来的恐惧——特罗特认为它已经是这种群居本能表现的——则更容易使人联想到另一种解释。这种恐惧与他的母亲有关，后来则与其他熟悉的人有关。它是一种未得到满足的欲望的表现。然而这个孩子除了将它转变成一种焦虑外不知道用什么方法来解决它。[①]当小孩子处于孤独而感到恐惧时，任何一个毫不相干的"人群中的某个成员"的出现并不能使他得到抚慰，相反，这样一个"陌生人"的靠近甚至会使他心中产生这种恐惧。因此在很长时间内，没有任何具有群居本能性质或集体情感性质的东西可以在儿童身上观察到。这类东西最初是在幼儿园里形成的，这里有许许多多的儿童，不存在儿童与父母之间的联系。因此这类东西就像大孩子对小孩子最初的嫉妒所作出的反应一样产生了。大孩子十分想将他的后继者嫉妒地撇开，不让他接近父母，剥夺他的一切特权。不过当他认识到，父母对这个小孩（以及所有后来再生的弟妹）的爱和对他自己的爱是一样地深，因而不可能达到既持敌意又不损害自己的目的时，他不得不以其他孩子而自居。于是在孩子们中间产生了一种共同的或集体的感情，这种

---

　　① 参阅我的《精神分析引论》（1916—1917年）第25讲中关于焦虑问题的论述。

感情在学校里继续得到发展。这种反相形成的第一个要求是，要求正义，要求平等地对待所有的人。我们都知道，在学校里，孩子们的这种呼声是多么的响亮和难以平息。如果一个人当他自己不能成为宠儿时，那么其他的人无论如何也不能成为宠儿。假如不是后来在其他场合中也观察到这种转化现象，即在幼儿园和教室里用集体感情来代替嫉妒心的转化，这种现象也许未必能得到确认。我们只需想象有这样一群妇女和姑娘，她们都对某一位歌手或演奏家充满了一种着迷式的爱。当这个人结束了他的表演之后，她们纷纷拥上前去把他团团围住。她们中的每一个肯定都很容易嫉妒另外的人，但是面临着这么多的人，而且也知道这样做的后果可能无法达到她们所爱的目的，结果她们便抛弃了这种嫉妒心，没有去抓对方的头发，而是行动得像一个联合起来的集体。用她们共同的行动向这位崇拜对象表示敬意。并且或许还很高兴地能分得他的几丝垂发，她们原先是对手，现在却已经能通过对同一对象的类似的爱而成功地相互间以他人自居。一般说来，当一种本能的状况可能产生多种结果时，我们将毫不奇怪地发现，那个实际上发生的结果是一个有可能带来某种满足的结果，而另外的那种结果，它本身虽更明显，但是因为生活环境阻止它达到这种满足而无法产生。

后来在人类社会中出现的"集体精神"一类东西，正是从原来的嫉妒中衍生出来的。没有人能突出自己，人人都应平等，应拥有同样多的财产。社会的正义就是指，因为我们自己否认了许多东西，所以其他人也一样不需要它们，或者说其他人也不能提出对这些东西的要求。这两种说法反正都一样。这种对平等的要求是社会良心和责任感的根源。它竟然在梅毒患者担心传染给他人的现象中呈现出来。关于这种现象，精神分析已经教会我们如何去理解了。这些可怜的患者所表现出来的担心是与他们顽抗地抵制他们内心中想将疾病传染给其他人的无意识愿望的斗争相一致的。因为为什么只有他们才被传染上这种病，与众人隔离？为什么其他人不也得这种病？在所罗门书里一些有关的故事中也有这种现象的萌芽。如果一个妇人的孩子死了，其他人的孩子也不能活。人们发现那个丧子的妇人就有这样一个愿望。

由此可见，社会的感情就是基于这样一种反转现象之上的，起初是一种敌意的感情，后来转变成类似自居作用的带积极色彩的联系。在我们目前为止所讨论的事件过程中，这种反转现象似乎是在与该集体之外某人所保持的一种普通情感联系的影响下发生的。我们并不自以为我们对自居作用的分析是详尽的。不过就目前的讨论来说，只要重新思考这样一个特征也就足够了，即要求一贯地实行平等的特征。我们从对两种人为形式的集体——教会和军队——的讨论中已经得知，它们形成的先决条件就是，所有的成员应该以同样方式得到一个领袖的爱。但是我们也不要忘记，在一个集体中，平等的要求只适用于它的成员而不适用于它的领袖。所有的成员都应彼此平等，但他们都要求受一个人的统治。大多数人是平等的，他们能彼此以他人自居，但只有一个人超越他们所有的人——这些就是我们在能够长期维持下去的集体中所看到的状况。现在让我们来大胆地更正特罗特的一个观点。他认为人是一种群居动物。而我们认为，人是一种部落动物，是生活在一个有一个首领的部落中的个体造物。

第十章　集体和原始部落

1912 年，我采纳了达尔文的一个假定，其大意是，原始的人类社会形式是一种部落形式，它被一个强有力的男性专横地统治着。我力图要指出，这种部落的特征在人类历史上已经留下了不可磨灭的印迹。尤其是，包括了宗教、伦理和社会组织起源的图腾制度的发展，与用暴力杀死头领、将家长制的部落转变成兄弟式的团体这类现象有关。[①] 当然，这只是一个假设，就像考古学家用来探索史前时期奥妙的其他许多假设一样。一位充满善意的英国批评家将这种假设有趣地称作"地地道道的故事"，不过，我认为，如果这个假设被证明能够有助于前后一致地理解越来越新的领域中出现的现象，那么它还是可以信赖的。

人类的集体中再次出现了这种熟悉的图景，一个优越于他人的个人在一群平等的伙伴中居统治地位。这正是一幅我们在原始部落的观念中出现过的图景。这样一种集体的心理，正如我们已经从以上的多次描述中得知的，包括了如下种种现象：有意识的个人人格的缩小；人的思想和感情集中于一个共同的方向；无意识的精神生活和心理情感方面的活动占据了优势；人们容易将刚产生的目的意图直接付诸行动。所有这些现象都相当于倒退到一种原始的心理活动的状态，倒退到在我们看来是原始的部落所应有的那种状态。[②]

因此，这种集体在我们看来是原始部落的复兴。正如原始人在每个个人身上潜在地存活下来一样，原始的部落或许能在任何偶然聚集起来的人群中重新形成。我们发现，因为人们习惯于接受集体形式的控制，所以，原始部落在这种形式中得以存活下来。我们必须得出这样的结论：集体心理是最古老的人类心理。我们撇开所有的集体成分而分离出来的个体心理只是

---

① 《图腾与禁忌》（1912—1913年）。［在第4篇论文中，弗洛伊德用"部落"一词来指较小规模的人群。］

② 我们刚才所描述的人类的普遍特征尤其适用于描述原始部落。个人的意志因为太软弱无力而根本不敢付诸行动。除了集体的冲动外，其他的冲动一概无法存在。只有一个共同的愿望，没有什么个别的愿望。一个观念如果没有通过普遍传播而感到自己被重新加强，是不敢转变成一种意志行动的。我们可以用该部落中所有成员共有的那种情感联系的力量来解释这种观念的软弱性。不过他们的生活环境的相似性，以及在他们中没有任何私人财产，这些现象也有助于决定他们个人的心理行为的统一性。正如我们在儿童和士兵中所观察到的：甚至在排泄功能上，也存在着共同的行动。惟一的重大例外则是性的行为。在这里，第三者充其量也是多余的，严重一点的话，他被说成是会招致一种痛苦期待的状态。关于（为满足生殖）的性要求对集群性的反作用请参阅以下的讨论。

通过一个渐进的、目前可能仍然被描述得不完全的发展过程，从古老的集体心理中分化出来的。后面我们将大胆地试图分析一下这种发展过程的出发点。

进一步的思考会使我们看到，这个观点在哪一方面需要纠正。相反地，个体心理必定像集体心理一样地古老。因为从一开始起，就存在着两种心理，即集体中个别成员的心理，以及族长、首领或领袖的心理。集体中的各个成员，正如我们今天看到的那样，受情感联系的约束。然而，这个原始部落族长则是不受这种联系约束的。他的智力行动甚至在一个人的时候也是十分有力和独立自主的，他的意志不需要其他人的支持。如果要保持理论的一致性，那我们就可以断定，他的自我中几乎没有什么力比多联系，他只爱自己，或者只爱满足他需要的人。他的自我仅仅在十分必要的情况下，才给对象以精神贯注。

这种人，在人类历史开端之时，曾是一种"超人"，尼采曾期待将来会出现这种超人。甚至在今天，一个集体的成员依然怀有这样的错觉，他们得到他们领袖的平等而公正的爱。可是，这个领袖自己却认为不需要爱别人，他可能是十分专横的、绝对自恋的，充满自信和不依赖于任何人的。我们知道，爱使自恋受到了阻碍；并且知道，有可能说明爱是如何通过阻碍自恋而成为一种文明因素的。

原始部落的族长并不像后来被神化的那样是长生不死的。

一旦他死了，就必须由别人来接替。他的位置多半是由他的幼子来承袭的。这个幼子在继承其父位之前还是像其他的成员一样，是该集体的一名普通成员。因此，就必定存在一种从集体心理向个体心理转化的可能性。必须去发现使这种转化能够很容易地完成的条件，就像蜜蜂能使幼虫转化为蜂王而不是转变为工蜂的条件。我们只能想象一种可能性：这位原始的族长阻止他的儿子们去满足他们直接的性冲动，迫使他们禁欲，从而使他们与他以及他们相互之间形成情感联系，这种联系是从他们的那些其性目的受到抑制的冲动中产生出来的。也可以说他迫使他们转入集体心理，他的性嫉妒和褊狭最终成为集体心理的原因。①

凡是成为他的继承者的人也有得到性满足的可能，并借此得到一种脱离集体心理条件的方式。对妇女的力比多固恋以及不需任何拖延或积蓄的满足的可能性，这两者使他的那些其目的受到抑制的性冲动所具有的重要作用不复存在，使他的自恋性始终达到最高程度。在后面的附录中，我们将回过头来讨论爱和性格形成（character formation）之间的联系。

我们可以再次强调一下构成人为集体的手段和原始部落的

----

① 也许还可以假定，当这些儿子们被其父亲赶出去或脱离其父亲之后，他们就从相互以他人自居发展到同性的对象爱，以这种方式赢得了杀死其父亲的自由。［参阅《图腾与禁忌》《标准版全集》第 13 卷第 144 页。］

制度之间的关系，因为这是特别有意义的。我们已经看到，在军队和教会中，这种手段就是如下错觉：领袖平等而公正地爱所有的个人。不过，这只是对原始部落事态的一种理想化的重新塑造。在原始部落中，所有的儿子都知道，他们同样地受到原始族长的迫害，他们都同样地惧怕他。在这之后的人类社会形态，即图腾氏族，也早已将这同样的重新塑造工作作为自己的前提，并以这种重新塑造工作为基础建立了所有的社会责任。家庭作为一个自然的集体形式之所以有不可摧毁的力量，这是因为它的必要先决条件即父亲的平等的爱在家庭中得到了真正的实现。

然而我们希望从这种将集体看作是原始部落衍生物的研究中获得更多的认识。它还应该帮助我们理解那些在集体形式中依然是无法理解和神秘莫测的东西——所有这些东西都隐藏在"催眠"和"暗示"这些神秘的语词背后。我认为，在这方面是可以获得成功的。让我们回忆一下，催眠中存在着某种积极的不可思议的东西，然而这种不可思议的特征暗示着某种已被压抑的古老的、熟悉的东西。①我们来考虑一下催眠是如何进行的。催眠师宣称，他有一种魔力，可以剥夺被催眠者的意志，或者同样也可以说，被催眠者相信他有那种魔力。这种神秘的力量（即使现在人们通常称作"动物催眠术"）肯定是那种

---

① 参阅《不可思议性》（1919 年 h）。

原始人当作禁忌根源的力量，是那种从头人和酋长身上散射出来的魔力，是那种使得接近它们的人都会有危险的东西（吗哪［mana］）。催眠师据说就有这样一种魔力，他如何来表现这种魔力？他命令被催眠者凝视他的眼睛，他最典型的催眠方式是运用他的目光。然而，这正是酋长的那种令原始人感到危险和难以忍受的目光，正如后来上帝凝视凡人的目光一样。甚至连摩西也只得成为他的人民和耶和华之间的媒介者，因为人无法忍受上帝的目光。当摩西从上帝那里回来后，他的脸上光芒四射——已经有一些吗哪传到了他的身上。在原始人中也有这种中间人的情况。①

诚然，用其他方式也能进行催眠，例如眼睛凝视着一个发光的物体或者聆听一支单调的曲调。不过这是容易引起误解的，并且已经给不完备的心理学理论提供了机会。事实上，这种方式只是去转移有意注意，使它固定下来。这种情况就好比催眠师对被催眠者说："现在，你只需注意我，世界上其他事情都是无关紧要的。"对于一个催眠师来说，讲这样的话说明他的技术还很不高明，这样做会使被催眠者硬性脱离他的无意识状态，刺激他形成有意的对抗。催眠师应避免将对象的有意识思维集中到他自己的意图上，而是要使这个人沉浸在一种世界上其他事物对他来说都毫无兴趣的活动中，但是在这同时，

---

① 参阅《图腾与禁忌》［第 2 篇］和其中引用的材料。

这个人实际上是无意中将他的整个注意力都集中到催眠师身上，从而进入一种情感协调状态，或进入一种向他身上移情的状态。这种间接的催眠方法就像许多人在讲笑话时[1]所用的技术手法一样，它会抑制某些参与无意识事件过程的心理能量的分布，最终可以产生与通过凝视或敲打的直接影响方法同样的效果。[2]

费伦采[在1909年]获得了一个真正的发现：当一名催眠师在催眠过程中通常刚开始发布入眠的命令时，他正将自己置于被催眠者父母的地位。他认为，必须区分两种催眠术，一种是哄骗和抚慰，这是在模仿母亲。另一种是威胁，这是从父亲那儿学来的。在催眠中入眠的命令只不过是命令对象脱离对世界万物的一切兴趣，而将注意力集中在催眠师身上。被催眠者就

---

① [这种将涣散注意力作为一部分玩笑技巧的思想，弗洛伊德在他的论玩笑的著作(1905年c)的第5章后半部分中作了详细讨论。这种抑制在"思想移情"中所起作用的可能性，下面还会提到。不过，弗洛伊德最早似乎是在《歇斯底里研究》(布罗伊尔和弗洛伊德合著，1895年)一书的最后一章中提到这个观点的。在该章第2节的篇首，弗洛伊德提出用这种抑制有可能部分地解释他的"压力"过程的功效。]

② 当被催眠者有意识地专注于某种单调乏味的知觉时，他的情绪无意中以催眠师为对象，这种情形在精神分析治疗的过程中也会出现。这里值得将这一点提一下。在每一个分析过程中，至少下述情况会发生一次，患者顽固地坚持说，此时他心中一点确实的观念都没有，他的自由联想的能力停止了活动了，通常那种刺激它们活动的东西失效了。如果分析者一再坚持，患者最终会被迫承认，他在思考诊室窗外的景色，思考他眼前看见的墙纸，或者吊在天花板上的汽灯。这时，我们立即发现，他已经进入移情状态，他正沉浸在与医生有关的，但依然是无意识的思想。但是当我们把这些解释给他听时，便发现患者的联想能力障碍即刻消失了。

是这样来理解它的。因为这种转移对外部世界兴趣的活动正是睡眠的心理学特征，而睡眠和催眠状态之间的密切关系则是建立在这种活动之上的。

催眠师运用他的方法在被催眠者身上唤醒了一些以前遗留下来的东西，这些东西曾使他服从他的父母，并复活了他个人与父亲关系的经历；从而唤醒了一个极重要的和危险的人格观念，对这种人格只能产生一种被动性受虐的态度，人的意志不得不听任它的摆布。单独地与这种人相处，"正视他的脸"，看来是一种冒险的事情。我们只有以这样的一种方式，才能描述原始部落中个别成员与原始族长的关系。正如我们从其他反应中得知，个人身上程度不同地保存了恢复这类以往状况的个人倾向。有种观点认为，不管怎样，催眠只是一种游戏，是对这些以往的印象作靠不住的重新更新。但是这种观点或许是有点保守的，它注意到，在催眠中，对因意志作用的障碍而产生的一切过于严重的后果，都存在着一种反抗活动。

我们可以正当地把在暗示现象中显示出来的那些集体形式所具的不可思议性和强制性的特征追溯到它起源于原始部落这一事实。这个集体的领袖依然相当于人皆恐惧的原始族长，这个集体依然希望被一种不受限制的力量来统治，它极端地向往着权威，用勒邦的话说，它渴望服从。原始的族长就是这个集体的典范，这种典范站在自我典范的位置上来统治自我。催眠完全可以被看作是由两个人组成的集体。对暗示的定义是：它是一种不以知觉和推理为基础而以爱的联系为基础的确信。①

---

① 我觉得有必要强调一下，本节的讨论已导致我们放弃伯恩海姆的催眠观点，使我们回到了一种更早期的素朴观点。根据伯恩海姆的看法，必须将所有的催眠现象都追溯到暗示的因素上，而暗示本身是无法作进一步解释的。我们得出的结论是：暗示是催眠状态的局部表现，催眠则完全基于某种预先存在的倾向之上。这种倾向自从早期人类家族史以来就一直保留在无意识之中了。〔弗洛伊德在伯恩海姆论这个问题一书的译本前言中已经表示了对他的暗示观点的怀疑(1888—1889 年)。〕

第十一章　自我中的等级区分

　　如果我们将那些由权威们提出的相互补充的集体心理学理论牢记在心，然后综观一下一个个人今天的生活状况，那么面对着眼前出现的种种复杂现象，我们就根本没有勇气去作出一个综合的说明。每一个个人都是许许多多集体的一个组成部分，他在许多方面都受到自居作用联系的束缚，他已经按照截然不同的模特儿塑造起他的自我典范。因此，每个个人与众多的集体心理，例如种族心理、阶级心理、信仰心理、民族心理等等都有关系。当然他也能使自己超出这些心理，从而获得某种独立性和创造性。这样一些稳定而持续的集体形式，连同它们的相同的和不变的结果，给观察者的印象不比另一种集体形式更深刻，亦即那种迅速组成的然而存在时间又十分短暂的集体形式。根据后一种形式，勒邦曾出色地作过对集团心理的心理学特征的概述。正是在这种极其短暂的、仿佛置于其他形式之上的集体形式中，我们看见了我们所认识到的那种个人特性完全消失的奇迹，虽然它只是很短暂的。

我们说这种奇迹就是意味着：个人放弃了他的自我的典范，用体现在领袖身上的集体典范代替这种自我的典范。不过我们还要通过纠正来补充说，这种奇迹并不是在任何场合都是同样大的。在许多个人身上，这种自我和自我典范还没有区分得很清楚，它们很容易混在一起。自我经常保留了它早期的自恋性的自足，这种状况对选举领袖的工作非常有利。这个领袖经常只需具有那些有关个人身上的典型品质，只是所采取的形式特别显著和纯粹。他只需使人感到，他有更强大的力量和更自由的力比多特性，在这种情况下，人们对强大的首领的需要就会向他让步，授予他某种优越地位，要是其他时候他可能无权提出这种要求。而该集体的其他成员，他们的自我典范除了这种方式以外无法不作修正地体现在他的个人身上。这些人和其余的人一起完全受着"暗示"作用，亦即自居作用的支配。

我们知道，我们对集体的力比多结构解释所作的贡献将使我们回到自我和自我典范的区分上，回到使这一点成为可能的双重联系上，即自居作用和将对象置于自我典范的位置上。这种把在自我中作这类区分等级的工作作为对自我分析的最初步骤的主张，应在差异极大的心理学领域中逐步建立起合法的地位。在我的论自恋的文章(1914年c)中，我已经收集综合了所有病理学的材料，它们眼下都可被用来支持这种区分理论。不过人们也许期待着看到，随着我们对精神病心理学的研究愈益深入，就会发现它的意义愈益重大。让我们回想一下，现在自我已经进入了对象和自我典范的关系之中，而后者正是从自我中发展出来的。我们在研究神经症时已经看到的外界对象和作为整体的自我之间的那种相互作用，很可能在自我内部的这种新的活动背景中得到重复。

在这里，我将只遵循可能从这种观点得出的一个结论，来重新讨论一个我以前在别处①不得不悬置起来的问题。我们所知道的每一次心理分化都会加重心理功能的困难，增强它的不稳定性，也可能成为它崩溃的起点。这就是说，促使一种疾病发作。因此，自从我们来到这个世界上，我们就从一个绝对自足的自恋状态走向感知一个变化着的外部世界的阶段，进入开始发现对象的阶段。与此相关联的事实是，我们无法长时间地忍受事物的新状态，我们在睡眠中经常地回想起以前那种不存在刺激和避免对象的状况。但是，事实上我们是以此来遵从某种来自外界的启示，借助日夜的周期性变化暂时地摆脱我们所遭受到的刺激。关于这个阶段的第二个例子从病理学上说更重要，但是它并不符合这样的性质规定。在我们的发展过程中，

① 《忧伤和忧郁症》(1917年e)。

我们已经使我们的心理存在分离成一个统一的自我和一个位于这个自我以外的无意识和被压抑的部分，我们知道，这种新获得的属性的稳定性还时常要被动摇。在梦和神经症中，被这样排斥在外的东西便会敲击门扉，以求得到允准。不过有一种抗拒的作用防备着它们。我们在清醒的时候，运用一种特别技能允许这些被压抑的东西克服这种抗拒作用，暂时允许它们进入我们的自我，以便能增加愉悦。戏谑、幽默，以及某些一般的喜剧作用，都可以从这种角度来考虑。每一个熟悉神经症心理学的人都会想起一些类似的但不太重要的例子，不过我只注意我所看到的实际应用情况。

自我典范同自我之间的分离不能长久地维持下去，这种分离状况会被暂时地打破，这是完全可能发生的。在对自我的所有克制和限制方面，通常会出现一种周期性地打破禁忌的现象。其实这一现象在节日制度上表现得很明显，所谓节日制度不过是一种合法的越轨，节日的欢乐气氛则是由这些越轨行为所产生的释放感带来的。[①]古罗马的农神节和我们现代的狂欢节与原始人的节日都具有这一基本特征。这些节日通常是以各种各样的恣情放纵和超越在其他时候看来是最神圣的戒律告终的。然而自我典范包容了自我必定会默许的一切限制，因此取消这种典范自然便成了自我的盛大节日，这时自我再次感到自

---

① 《图腾与禁忌》。[《标准版全集》第 13 卷第 140 页。]

已得到了满足。①

当自我中有些东西与自我典范相符合时，总是会产生一种狂喜的感情。而罪恶感（以及自卑感）也能被理解为是自我和自我典范之间紧张的一种表现。

人们清楚地知道，有些人的基本情绪会周期性地从一种极度消沉的状态经过某种中间阶段而摆动到一种极度高涨的兴奋状态。这种摆动的幅度非常不同：从刚刚可以看出的摆动到那些十分显著的摆动。这种十分显著的摆动以忧郁症和躁狂症的形式给一些人的生活造成了痛苦或烦恼。在这种周期性消沉的典型病例中，外部降临的原因似乎并没有起决定性的作用，至于内在的动因，从这些人身上也没有发现比其他人多了些什么或少了些什么。结果人们已经习惯于把这些病例看作不是心因性的。眼下我们将论及另一些十分类似的周期性消沉的例子，并且能够容易地将它们追溯到一些心理上的创伤。

这样一来，这种自发性的情绪摆动的基础是不清楚的，我们无法洞见躁狂症取代忧郁症的机制，所以我们可以自由地假定，这些患者也许正是一些我们的假设可以实际应用到其身上的人们——他们的自我典范在极其严格地控制过他们的自我之后可能暂时地融入自我之中了。

---

① 特罗特将压抑追溯到群居本能，而我在论自恋性的文章［1914 年 c，第 3 部分篇首］中则说："对自我来说，自我典范的形式将是进行压抑的条件。"当我这样说的时候，我的表述只是与特罗特的形式不同，然而并不矛盾。

让我们强调一下已经清楚的问题：根据我们对自我的分析，毫无疑问，在躁狂症中，自我和自我典范混合在一起了，因此，患者情绪狂热而自满，根本不想作自我批评，他的自制，他对别人感情的考虑以及他的自责都荡然无存了。而忧郁症的痛苦则是他的自我中的两种力量尖锐冲突的表现，这虽然不太明显，但却是很可能的。在这种冲突中，自我典范由于过于敏感而无情地责备处在自卑和自贬错觉之中的自我。目前惟一的问题在于，我们是在以上假定的、在对新秩序的周期性反复中寻找导致自我和自我典范之间关系改变的原因，还是把其他环境因素看作导致这种关系变化的因素。

转变成躁狂症并不是忧郁性消沉综合症的一个不可或缺的特征。有一些单纯的忧郁症，或是一次性发作或是周期性发作，它们从未表现出这类转化现象。

还有一些忧郁症，它们的病因显然是一些外面降临的原因。它们发生在失去了一个所爱对象的时候。可能是因为死亡，也可能是因为迫使力比多脱离对象的环境因素使这个对象不存在了。像这样一种心因性的忧郁病最后会以变成躁狂症而结束，并且这种循环可能重复数次，就像自发性病例那样容易。因此，事情的这种状况还颇为模糊，特别是因为精神分析学者只研究过少部分的忧郁症形式和病例。[①]至今为止，我们

---

① 参阅亚伯拉罕 1912 年的著作。

只了解那些对象被放弃的病例，因为该对象已经表明它自己是不值得爱的。后来，自居作用又将它在自我内部重新建立了起来，自我典范对它进行了严厉的谴责。这种直接对对象的责备和攻击在忧郁性自责的形式中显示出来。[1]

这种忧郁症也可能通过转变成躁狂症而消失。因而这种偶然出现的可能性代表了一种与其他临床特点无关的特征。

然而我们发现可以毫无困难地把这两种忧郁症，即心因性的和自发性的忧郁症，看作是由如下原因产生的，即自我周期性地反抗自我典范。在自发性忧郁症中，可以说是因为自我典范容易变得严格，结果自然导致它自己的作用暂时被停止了。而在心因性忧郁症中，自我所以会发起反抗是因为它受到自我典范的虐待，——这种虐待是它在以被否定的对象自居时发生的。[2]

---

① 更确切地说，这种责备和攻击隐藏在对主体自身的自我所作的责备后面，并使这种责备带上忧郁症患者的自责所特有的那种固执、坚韧顽固的色彩。
② ［在《自我与本我》(1923 年 b) 的第 5 章中还有对忧郁症的详尽讨论。］

第十二章　附　　录

在以上所作的得出了一个暂时性结论的探讨过程中，我们曾遇到许多支路，起先我们都是避开它们的。然而它们中有许多都会为我们提供有希望的线索。现在，我们打算讨论一些曾因此而被搁置在一边的观点。

（一）在自我以对象自居和用对象来取代自我典范这两者之间的区别，从我们一开始研究的那两种人为的大集体形式即军队和基督教会中可以找到非常有趣的说明。

显然，当一个士兵以他同等的人自居，并从他们的自我共同体中推论出友谊所包含的那种相互帮助和分享财产的义务时，他事实上是在把他的上级，即这支军队的领袖作为自我典范。但是一旦他企图以将军自居时，他就变得十分可笑。在

《华伦斯坦斯的军营》中，士兵们也就是因为这个原因而嘲笑那个军曹的：

> 瞧他咳嗽的样，
>
> 瞧他吐唾沫的样，
>
> 亏他学得那样像！[①]

在基督教教会中就不是如此，每一个基督教徒爱戴基督，把基督作为自我典范，感到自居作用的联系将自己与其他基督教徒联系在一起。然而教会对教徒的要求更高：他也必须使自己以基督自居，像基督一样去爱所有其他的基督徒。因此，教会在两方面都要求由集体形式规定的力比多位置得到补充：在已发生对象选择的地方应补充自居作用；在自居作用发生的地方应补充对象爱。这种补充明显地超出了集体的构造。一个人可以是一个优秀的基督教徒，然而却根本想不到将自己置于基督的地位，像基督那样对整个人类怀有博爱。因为一个人是一个孱弱的凡人，所以不必要求自己能有救世主那样博大的灵魂和强烈的爱。不过，在这个集体中力比多分配的进一步发展，也许就是基督教声称已达到一个较高级伦理水平所依据的因素。

---

① ［席勒剧本第六幕。］

（二）我们曾经说过，在人类心理发展中由该集体的个别成员所达到的从集体心理向个体心理的转折点可以被仔细分析一下。[①]

为了这个目的，我们必须暂时回到有关原始部落父亲的科学神话上去。这个父亲后来被推崇为世界的创造者，这也是完全公正的，因为所有构成第一个集体的儿子们都是他生出来的。他是每一个儿子的典范，既是被惧怕的典范，又是受尊敬的典范。这个事实后来导致禁忌观念的产生。这许许多多的个人结果却联合起来，杀死了这个父亲，把他碎尸万段。可是，这个集体中没有一个人能取代他的位置，否则的话，要是有一个人敢于这样做，便会发生新的战争，直到他们懂得，他们都必须放弃其父亲的遗产。于是他们便形成了一个图腾制的兄弟团体，其中所有的成员都具有平等的权力，他们被图腾戒律联合在一起，这些戒律是用来保存和赎回对谋杀者的记忆的。但是，人们对已有东西的不满足仍然存在，这种不满足变成了促使新的发展的根源。在这个兄弟团体中联合起来的人们逐渐开始在新的水平上恢复事物以往的状态，男性再次成为家庭的主宰，打破了以前在无父亲时期中建立起来的母性特权。他在这

---

① 有关这个转折点的其他思想是在与奥托·兰克(Otto Rank)交换意见的影响下写的，[1923 年补充说：]请参阅兰克 1922 年的著作。[这段话可与《图腾与禁忌》第 4 篇，第 5、6、7 节联系起来考虑。参阅《标准版全集》第 13 卷第 140 页以后。]

时可能以承认母神来补偿这一点，这些母神的祭司都是被阉割过的，这是仿效原始部落的父亲的榜样。然而这个新家庭只是旧家庭的影子，它有许许多多的父亲，每一个父亲都被另外的父亲的权力限制着。

在那个时候，或许有某个个人，由于某种迫切的要求而使自己脱离了这个集体，接替了父亲的位置。做这种事的人是最初的史诗诗人。这种成就都是在他的想象中取得的。这位诗人根据他的需要用谎言来掩盖真理。他创造了英雄神话，这位英雄独自杀死了他的父亲，而这位父亲在神话中依然是一个图腾怪兽。正如父亲曾是男孩的第一个典范那样，诗人现在也在那个一心要占据父亲地位的英雄身上创造了第一个自我典范。变成英雄的人大多是最小的儿子，他是母亲的宠儿，受到母亲的保护而免遭父亲的嫉妒。在原始部落时代，他也曾是父亲的继承人。在史前时期虚妄的诗歌想象中，曾经是战利品和谋杀的诱惑的女人，也许会成为犯罪的积极引诱者和教唆者。

这种英雄声称，他是独自完成那个需由整个部落才敢去完成的业绩的。不过，兰克已经观察到，在童话故事中保留下了那个被否认的事实的清楚痕迹。因为我们经常在童话中发现，那个必须去完成某项艰难任务的英雄（一般都是幼子，他经常在父亲的替身面前表现得很蠢笨，也就是说，表现得没有伤害之心）经常是在一群小动物如蜜蜂或蚂蚁的帮助下才能完成他的任务的。这些小动物就是指原始部落的弟兄们，正如梦中以同样方式出现的象征性昆虫或害虫是代表兄弟和姐妹那样（如在蔑视的意义上，它们被看作是婴儿的象征）。而且，在神话和童话中每一件这样的任务，都可以容易地被看作是这种英雄业绩的替代。

因而，神话是个人从集体心理中显露出来的手段。最初的神话必定是心理上的神话，即英雄神话。而解释性的自然神话则是到了很久以后才出现的。但是，（正如兰克进一步观察到的）采取这种手段并以此使自己在想象中摆脱集体的那位诗人却能够找到回到现实的集体中去的道路。因为他以他所创造的英雄业绩返回到集体中去并将它同该集体相联系。其实，这个英雄不是别人正是他自己。这样一来，他使自己降低到现实的水平，而把他的听众提高到想象的水平。不过他的听众理解他，因为他们具有同样的羡慕原始父亲的关系，他们能使自己以这位英雄自居。①

英雄神话的迷信发展到极点便是将英雄神圣化。这种被神圣化的英雄可能要早于父神，并且可能是返回到承认作为神的原始父亲的先驱。因此，从次序上说，神的系列是这样的：母神—英雄—父神。不过只是因为抬高了那个永远无法忘怀的原始父亲的形象，这种神才取得了我们今天还能从他身上看见的

---

① 参阅汉斯·萨克斯(Hanns Sachs)1920 年的著作。

那些特征。①

（三）在正文中我们大量地谈到了直接的性本能和其目的受到抑制的性本能问题，我们希望这种区别不会遇到过多的反对意见。然而，如果对这个问题再作进一步详细的讨论，即使只是重复许多以前曾经说过的东西，那也不算是不合适的。

儿童的力比多发展已经给了我们第一个、也是最好的表明那种其目的受到抑制的性本能的例子。儿童对他的父母和照看他的人的所有感情都很容易转变成一种愿望，它表明了儿童的性冲动。儿童从他所爱的对象身上要求他所知道的一切爱的记号，他要求吻他们、抚爱他们、凝视他们。他声称要与母亲或保姆结婚——且不管他对结婚是怎样理解的。他还要把他的父亲当作婴儿，如此等等。直接的观察以及后来对童年记忆残余所作的分析研究表明，在儿童身上，毫无疑问，亲切的和嫉妒的感情完全融合在一起，性的各种意向也完全融合在一起。这种研究还表明，儿童是运用怎样的一种基本方式将他所爱的人变成他的那种所有还未适当聚集起来的性趋向的对象。②

这种儿童爱情的最初形态，在典型的场合便是采取奥狄帕司情结的形式。正如我们已经知道的，它从潜伏期的初期开

---

① 在这个简短的论述中，我不想援引存在于传说、神话、童话以及风俗史等等中的材料，来支持我的论点。

② 参阅我的《性欲理论三讲》（1905 年 d）。[《标准版全集》第 7 卷第 199 页。]

始，就被一种压抑波控制着，那些遗留下来的东西表明其本身是一种纯粹充满柔情的情感联系，它虽然还与同样的人相关，但不再被看作是"性"的联系。解释心理生活的深层部分的精神分析理论毫不困难地指出，儿童最早期的性联系依然存在，只是被压抑着的和无意识的。精神分析使我们有勇气来断定，无论在哪儿遇见的那种充满柔情的感情，都是与有关人或他的原型（或无意识意向）的完全"感性"的对象性联系的继承者。如果不进行特别的研究，我们无法知道在一个给定的情况下，这种先前具有的完全的性趋向是依然被压抑地存在着，还是早已被消耗掉了。更确切地说，可以肯定，这种趋向依然作为一种形式和可能性存在着，而且始终能被集中起来，通过退行的方式重新活动起来。唯一的问题只是（这并非总是能够回答的），它在目前还具有多大程度的精神能量和活动力。在这方面，同样也要注意避免两种错误根源——斯基拉（Scylla）低估了被压抑的无意识的重要性，而查瑞迪斯（Charybdis）则完全以一种病理学的标准来判断正常人。

那种不研究或不能研究被压抑的东西的深层部分的心理学把充满柔情的情感联系始终看作是无性目的冲动的表现，即使它承认这种情感联系是由有性目的的冲动产生的。[1]

---

[1] 憎恶的感情在构成上无疑更为复杂一些。〔但是在第一版中，这个脚注是这样说的："在构成上更为复杂一些的憎恶感情在这条规则上也不例外。"〕

我们完全有理由认为，它们已经从这些性目的上被转移了，尽管对这种目的转移现象要作出合乎元心理学要求的说明还存在着困难。再说，那些其目的受到抑制的本能还始终保留着原来的一些目的，甚至连一名虔诚的信徒，一个朋友或一位崇拜者，也向往着从肉体上亲近和窥视他目前只能在"保罗"式意义上爱着的人。如果我们愿意的话，可以把这种目的转移看作是性本能的升华作用的开始。或者在另一方面，我们可以将升华作用的界线划得更远一些。这些其目的受到抑制的性本能比那些其目的不受抑制的性本能在功能上有更大的优点，因为它们无法真正地完全得到满足，所以尤其适合于建立永久性的联系。而那些直接的性本能却随着每次得到满足后招致能量丧失，必须等到性的力比多的新积累而得到更新。结果在此期间，对象有可能已被改变了。这种受抑制的本能与未受抑制的本能可以进行各种程度的混合，前者可以变回到后者，就像它们从后者中产生出来那样。众所周知，在一位导师和一个学生之间，在一名演员和一个着迷的听众之间，出于欣赏和崇拜的原因，友情的情感联系多么容易发展成爱的愿望，这种事尤其容易发生在妇女身上。（参阅莫里哀的"为了对希腊的爱，请吻我"。）[1]其实，这种最初是毫无目的的情感联系的发展提供了通向性对象选择的一条很频繁地被采取的途径。普菲斯特尔

---

[1] ［什么，您也会说希腊语！ 噢，对不起，求求您，为了对希腊的爱，请吻我。］

(Pfister)在他的《青岑德尔夫伯爵的虔诚》（1910年）中已经列举了一个十分清楚而且肯定不是孤立的例子，即甚至一种狂热的宗教联系也会轻而易举地重新激起强烈的性兴奋。另一方面，本身短命的直接的性冲动也经常会转变成一种持久的和纯柔情的联系，那种充满了炽烈爱情的婚姻能否巩固很大程度上依赖于这一过程。

当我们听说下述事实时，自然不会感到奇怪：那些其目的受到抑制的性冲动是在当内在的或外在的障碍阻止了性目的实现时从那些直接的性冲动中产生出来的。在潜伏期中存在的压抑就是这样一种内在的障碍，或确切地说，就成为这样一种内在的障碍。我们已经指出，原始部落的父亲因为性褊狭而迫使他所有的儿子奉行禁欲，从而使他们进入其目的受抑制的联系之中。而他却为自己保留了性享受的自由，并通过这种方式不受任何联系约束。一个集体依赖的所有这些联系都具有其目的受到抑制的本能的特征。不过这里我们讨论的是一个新课题，即关于直接的性本能和集体形成之间的关系的课题。

（四）最后两点评论将使我们看到，直接的性冲动对于集体的形成来说是不利的。在家庭发展史中，事实上也曾存在过集体的性爱关系（群婚），不过，随着性爱对自我变得愈重要，爱的特征也就愈发展，它也就愈要求被限制在两个人之中——"一对一"——正如生殖目的的本性所规定的。多配偶的倾向只得在对象的不断变换中得到满足。

两个人为了性的满足而聚在一起，就他们寻求幽静而言，他们的行为是对群居本能，即集体感情的一种反叛。他们爱得愈深，相互得到的满足就愈彻底。他们对集体影响的拒绝通过羞耻感的形式表现出来。为了使性对象的选择不受某种集体联系的干预，便产生了最强烈的嫉妒情感。只有当爱的关系上的深情的、个人的因素完全被性感的因素所取代时，才会发生那种两个人在大庭广众之下做性举动的事情，才会发生一个集体中的人们同时进行性行为的事情，正如一场放荡的丑举中所出现的那种情况。然而这时已经退行到了性关系的早期阶段。在这个阶段中，根本谈不上有什么爱，所有的性对象在人们眼中具有同等的价值。萧伯纳有过一句恶意的格言，爱情就是过分地夸大两个女人之间的差别。

有大量迹象表明，爱情只是男女之间的性关系中后来出现的现象，因此性爱和集体联系之间的对立也是后来发展起来的。这一点看来好像与我们关于原始家庭的神话假设不相符合，因为那些原始部落的弟兄们归根到底是为了对他们的母亲和姐妹的爱，才像我们假定的那样，去犯弑父罪。很难想象这种爱不是一种未分化的、原始的爱情，即情感与性感紧密结合的爱。不过，如进一步考虑，我们便会发现，以上那种反对意见会变成证实我们的理论的观点。弑父现象的一个后果是图腾异族婚姻制度——禁止与本家族中那些儿时热恋的女性发生性关系。这样一来，在一个男子的情感和性感的感情之间就形成了一条不可逾越的鸿沟。直到今天，人们在爱情生活中仍然坚持这种区别。[①]因为实行了这种异族婚姻制，男子的性感要求只得从陌生的、他不爱的女子那里获得满足。

在庞大的人为构成的集体中，如教会和军队中，不存在把妇女作为性对象的可能性。男女之间爱的关系不存在于这些组织中。即使在那些男女共同构成的组织中，性别问题也不起什么作用。倘若要问及使集体集合起来的力比多的性质是同性的还是异性的，是毫无意义的。因为它并不是根据性别来区分的，尤其是它根本忽视力比多性心理发展的目的。

即使在其他方面都沉湎于一个集体的人，直接的性冲动也还是使他个人的活动力得到了一点保留。假如这些冲动变得过于强烈，便会瓦解每一种集体形式。基督教会虽然拥有最佳的动力来劝阻它的信徒们不结婚，使他们保持独身，然而堕入情网甚至也会使教士脱离教会。同样的，对女人的爱会打破种族的集体联系，民族区域的集体联系，社会阶级体制的集体联系，因此它作为一种文明的因素会产生出重要的结果。看来可以肯定，同性爱与集体联系是非常相符合的，甚至当它采取了不受抑制的性冲动的形式时，也是如此——这是一个显著的事实，要说明它会使我们离题太远。

---

① 参阅弗洛伊德(1912 年 d)。

对精神性神经症的精神分析结果告诉我们，它们的症状可以说是产生于被压抑的但仍然在活动的直接的性冲动。要使这一论点更完善，我们补充说，这些症状产生于"其目的受到抑制的冲动，不过这种抑制作用并没有完全成功，或者说为重新变成被压抑的性目的留下了余地"。正因为如此，神经症会使人变得孤独，脱离通常的集体形式。也许可以这样说，神经症会像爱情一样对集体产生瓦解作用，而在集体形式得到强有力巩固的地方，神经症症状就可能消失，无论如何也会暂时消失。人们已经采取了不少合理的方法将神经症和集体形式之间的这种对立运用到治疗方面，即使那些对宗教性错觉从如今的文明世界中消失这一现象不表遗憾的人也承认，只要这些幻觉还有作用，它们就能使那些受其束缚的人最有力地对抗神经症的危险。[①]不难发现，所有将人们联结成神秘宗教或哲学宗教团体的联系都是各种神经症非正式的治疗方式。所有这些都与直接的性冲动和其目的受抑制的冲动之间的差别有关。

一个神经症患者如果一人独处的话，就会被迫用他自己的症状形式来代替那个把他排除出来的庞大的集体形式。他为他自己创造了一个想象的世界，创造了他自己的宗教，创造了他自己的妄想系统，因而以一种歪曲的形式重建人际各种机构，

---

① ［参阅弗洛伊德著作(1910年 d)第 2 节节首。］

这显然是直接的性冲动发挥优势作用的明证。[①]

（五）最后，我们将从力比多理论，从我们刚才讨论过的那些状态即爱情、催眠、集体形式、神经症等状态出发，补充一个比较性的评价。

爱情是建筑在直接的性冲动和其目的受抑制的性冲动同时存在的基础之上的，而对象则将主体的一部分自恋性自我力比多引向它自身。这是一个只能容纳自我和对象的情况。

催眠也像爱情那样只限于这样两个人，不过它完全建立在其目的受到抑制的性冲动之上的，并且它将对象置于自我典范的地位。

集体，使这个过程更复杂化了，从那些形成集体的本能来看，集体与催眠是一致的，而且它也是以对象来代替自我典范。然而它另外还包括与其他个人的自居作用，而这种自居作用或许只因为这些人与这个对象有着同样的关系才可能形成。

催眠和集体形式这两种状态都是人类力比多的种系发生中遗传下来的东西。催眠采取的是先天存在的倾向形式。集体除此以外还采取直接幸存下来的形式。直接的性冲动被其目的受抑制的冲动所取代，便在这两种情况下促进了自我与自我典范的分离，这种状况在爱情的状态中早已开始。

---

① 参阅《图腾与禁忌》第 2 篇论文篇首。[《标准版全集》第 13 卷第 73—74 页。]

神经症，位于这个系列之外。它也是基于人类力比多发展的一种特性之上的——由直接的性功能产生的两次重复的开端，其中还夹有一个潜伏期。[1]在这一点上讲，它与催眠和集体形式一样都具有一种倒退的特征，而这种倒退的特征在爱情状态中却是不存在的。它通常发生在直接的性冲动向其目的受抑制的冲动转化而未完全成功的时刻。它代表着一种冲突，即一部分经过这种发展而被自我所接纳的本能与另一部分来自被压抑的无意识的——像其他那些完全被压抑的本能冲动那样——力图获得直接满足的本能之间的冲突。神经症在内容上格外复杂，它们包括了自我和对象之间所有可能存在的关系——既包括对象被保留下来的那种关系，也包括对象被抛弃或在自我自身内部建立起来的那种关系——还包括自我和它的自我典范之间的冲突关系。

---

① 参阅我的《性欲理论三讲》（1905 年 d）。〔《标准版全集》第 7 卷第 234 页。〕

自我与本我

前　言

　　我在《超越唯乐原则》一文中已揭示了一系列思想，而这里的讨论则是这些思想的进一步发展。我对这些思想的态度，正如我已说过的，①是属于一种有几分仁慈的好奇心。在本书的一些章节中，这些思想同分析观察到的各种事实相联系，并且，我试图从这种联系中得出新的结论。但是，本书并没有从生物学那里借来新的东西，因此它比《超越唯乐原则》更接近精神分析学。在性质上，它的综合多于思辨，而且似乎怀有一个雄心勃勃的目标。但是，我意识到它只是最粗略的概述，而我也十分满足于这样的粗略概述。

　　书中论及了一些还未成为精神分析学研究课题的问题，并且不可避免地要触犯那些由非分析学者们或以前的分析学者们在他们退出分析学时所提出的一些理论。在别的地方，我总是准备承认我的某些成就应归功于其他一些工作者；但此刻我感到并没有这种感激的债务压在我身上。如果迄今为止，精神分析学还没有对某些事情作出正确评价，这绝不是因为它忽视了它们所达到的成就，或者企图否认它们的重要性，而是因为它遵循着一条独特的道路，而这条道路还没有到达足以评价这些事情的地步。最后，当这条道路到达它们那里时，事情已经以截然不同于它们在别人看来所具有的面目出现在精神分析学面前了。

①［《标准版全集》第 18 卷第 59 页。］

第一章　意识与什么是无意识

　　在这导言性的一章里并没有什么新东西要讲，而且不可能避免重复以前多次讲过的东西。

　　将心理区分为意识与无意识，这是精神分析学的基本前提；而且只有这个前提才使精神分析学有可能解释心理生活中的病理过程——这些病理过程的普遍性像它们的重要性那样值得重视——并把它们安置在科学的结构之中。换句话说，精神分析学不能把心理的主体置于意识中，但是必须把意识看作心理的一种性质，这种性质可能和其他性质一起出现，也可能不出现。

　　如果我可以设想所有对心理学感兴趣的人都阅读这本书的话，那我就应该准备好看到我的一些读者会在此停顿下来，不再读下去；因为在这里我们遇到了精神分析学的第一句行话。对于大多数受过哲学教育的人来说，关于有不是意识的心理的东西的思想是那么的不可思议，以致在他们看来这种思想是荒谬的，仅用逻辑就可驳倒的。我相信这只是因为他们从来就没有对使这种观念成为必要的催眠和梦的有关现象——除了病理现象以外——加以研究。他们的意识心理学在解释梦和催眠的各种问题时显得无能为力。

"被意识"（"being conscious"）①首先是一个纯粹描述性的术语，它基于具有最直接、最确定的性质的知觉（perception）。经验不断表明，一种精神要素（例如：一种观念）通常并不是在时间上延续了一定长度的意识。相反，一个意识状态在特性上是特别短暂的；此刻作为意识的观念不一会儿就变了样，虽然在某些容易出现的条件具备以后它还会恢复原样。在这间隔当中，我们并不知道这种观念是什么。我们可以说它是"潜伏的"（latent），这样说是意味着它在任何时候都能变成意识。或者，如果我们说它是无意识（unconscious），我们也应当对它作出正确的描述。这里，"无意识"与"潜伏的并且能够变成意识的"是一致的。毫无疑问，哲学家们会反对说："不对，'无意识'这个术语在这里不适用；只要观念处于潜伏状态，那它就全然不是任何心理的东西。"在这一点上反驳他们只会把我们引向无益的措词上的争辩。

---

① ［原著为"Bewusst sein"（由两个词组成）。在《非专业的分析学》（1926年）第二章中有类似的提法（《标准版全集》第20卷第197页）。"Bewu sstsein"是正规的德文单词，指"意识"，用两个字来指意识强调了"bewusst"的词形是一个被动分词这一事实——"被意识"（"being conscioused"）。英文中的"意识"可以是主动的又可以是被动的；但在这些讨论中它总是作为被动的被使用的。见弗洛伊德关于元心理学的文章《无意识》（"The Unconscious"，《标准版全集》第14卷第165页）中编者按语的结尾处的注释。］

但是，我们沿着另外一条途径得出无意识这个术语或概念，即在研究某些经验中发现心理动力学起了一部分作用。我们发现——也就是说，我们不得不这样想——有非常之强有力的心理过程或观念存在着（这里，数量的或经济的［economic］因素首次成为要考虑的问题），虽然它们自己并不是意识的，但却能够在心理生活中产生普通观念所产生的一切结果（包括那些本身能够变成意识的观念所产生的结果）。这里不必再重复以前多次解释过的那些细节，[①]而只要指出这样一点就够了，即精神分析理论在这一点上断言：这样的观念之所以不能变成意识，是因为有某种力量与其对抗，否则它们就能够变成意识，随后必将显示出它们与其他为人们所公认的心理要素间的差异是多么微小。一个事实已使这个理论成为不可辩驳的，这个事实就是，在精神分析学的技术中，已经找到一种方法可以消除那种对抗力量从而能使前述那些观念成为意识。我们把观念在成为意识之前所处的状态称为压抑。在分析工作中，我们坚持把实行压抑和保持压抑的力理解为抗拒。

这样，我们从压抑的理论中获得了无意识概念。对我们来说，被压抑的东西（the repressed）是无意识的原型。但是，我们看到，我们有两种无意识——一种是潜伏的，但能够变成意

---

① ［例如，参考《精神分析中的无意识说明》（1912 年，《标准版全集》第 12 卷第 262 和 264 页）。］

识；另一种被压抑的，在实质上干脆说，是不能变成意识的。这一对心理动力学理解不能不影响到术语和描述。仅仅在描述性的意义上是无意识的而不是在动力意义上是无意识的那种潜伏，我们称之为前意识（preconscious）；我们把术语无意识限制在动力意义上无意识的被压抑上；这样，我们现在就有了三个术语了：意识（Cs）、前意识（Pcs）和无意识（Ucs），它们的意义不再是纯粹描述性的了，与其说前意识接近无意识，大概不如说它更接近意识，并且，既然我们称无意识为心理的，那我们就应该更不犹豫地称潜伏的前意识为心理的。但是我们为什么不与哲学家们取得一致意见，循着习惯的道路，把前意识，也把无意识都与意识心理区别开来，以代替我们的说法呢？哲学家们会提议：应该把前意识和无意识描述为"类心理"（psychoid）的两个种类或两个阶段，这样也就可以达到协调一致。但是，随之而来的是无穷无尽的说明上的困难；而一个重要的事实——这两种"类心理"在几乎所有其他方面都与公认的心理相一致——就会由于某一时期（这个时期对这些类心理或它们之中的最重要的部分还一无所知）的偏见强而被置于不突出的地位。

现在我们就可以很自如地使用我们的三个术语——意识、前意识和无意识，只要我们不忘记在描述性的意义上有两种无意识，但在动力的意义上只有一种。[1]就阐述问题上的不同目

---

①〔对这句话的一些评论见于附录（一）（第 213 页）。〕

的而言，这个区别在某些情况下可以被忽视，但在另一些情况下当然是必不可少的。同时，我们或多或少已习惯于无意识这个模棱两可的词，并且运用得也不坏。就我看来，要避免这种模棱两可是不可能的；意识与无意识的区别最终是一个知觉的问题，对它必须回答"是"或"不是"，知觉行为本身并没有告诉我们为什么一件事物可以被知觉到或不被知觉到。谁也不能因为实际现象模棱两可地表现了动力的因素而有权发出抱怨。①

---

① 迄今为止，这一点可以与我的《精神分析中的无意识说明》（1912 年）相比较。[参照元心理学方面的论文《无意识》（1915 年）的第 1 章和第 2 章。]对无意识的批评引起的一个新的转变这一点值得考虑。那些不拒绝认识精神分析学事实但又不愿意接受无意识的研究者在这个事实中找到了一条没有人会反驳的逃避困难的出路；在意识（作为一个现象）中强度或清晰度可能区分为许多不同的等级。正像有一些可以非常生动、鲜明和确实地意识到的过程一样，我们也同样经历了其他一些只是模糊地甚至很难意识到的过程。然而，人们争辩说：那些最模糊地意识到的过程是——精神分析学希望给它们一个不大合适的名字——"无意识"的过程；但是，它们也是有意识的或"在意识中的"，如果对这样的过程加以足够的注意，它们也能转变成充分而又强烈的意识。

至于争论可能影响对依靠惯例还是依靠感情因素这类问题的决定，我们可以作如下评论。对意识的清晰程度的参考意见绝不是结论性的，也并不比下面类似的论述有更明确的价值："在亮度中有这么众多的等级——从最明亮，最耀眼的闪电到最昏暗的微光——所以这里完全没有黑暗之类的事情"；或者说："有这么多活力的等级，所以完全没有死亡之类的事情。"这样的叙述在某种方式上可能具有意义，但对于一些实践的目的，它们毫无价值。如果有人试图从中得出特别的结论，如："所以，这里不需要打火，"或者，"所以所有的有机体都是不死的，"我们就可以看到这种叙述的毫无价值。进一步，把"不被注意的东西"归入"有意识的东西"这个概念之中，只是容易搞乱我们关于心理的直接、确切的惟一的一点知识。总之，还不为人所知的意识对我来说比无意识的一些心理现象更不合理。最后，把不被注意的东西和无意识的东西等同起来的企图显然不重视有关的动力条件，而这些动力条件又是构成精神分析思想的决定因素。因为这种企图忽视两个事实：一个是集中足够的注意力在这类不引人注意的事情上是极端困难和需要作巨大努力的；二是当这一点达到了，先前不被注意的思想并不被意识认识到，它们反而常常对意识是完全异己和敌对的，并且被意识果断地拒绝。这样，在什么是很难被注意或不被注意到的问题上设法躲避无意识，终究仅是一个预想的信条的派生物，这个信条把精神和意识的同一性看作是一劳永逸地解决了的事情。

但是，在精神分析工作未来的过程中，甚至这些区别也会被证明是不恰当的，从实践角度来讲也是不够的。在许多方面，这一点已经变得很清楚了；但决定性的例证还在下面。我们已经形成了一个观念：每个个人都有一个心理过程的连贯组织；我们称之为他的自我。意识就隶属于这个自我；自我控制着活动的方法——就是说，控制着进入外部世界的兴奋发射；自我是管理着它自己所有的形成过程的心理力量，在夜间入睡，虽然它即使在入睡的时候也对梦进行稽查。压抑也是从这个自我发生的。通过压抑，自我试图把心理中的某些倾向不仅从意识中排斥出去，而且从其他效应和活动的形式中排斥出去。在分析中，这些被排斥的倾向处在自我的对立面。分析面临着一个任务，就是去掉抗拒，自我正是用它来表示自己与被压抑的东西无关。现在我们在分析中发现，当我们把某些任务摆在一个病人的面前，他会陷入困境；在他的联想接近被压抑的东西时，联想就会消失。然后我们告诉他，他已经被某种抗拒所控制；但他对这一事实还是一无所知，即使他从不舒服的感觉中猜测那个抗拒现在还在他身上起作用，他仍不知道抗拒是什么或者如何来描绘它。但是，因为毫无疑问这个抗拒是来自他的自我并且属于这个自我，所以我们发现我们处在一个毫无预见的境地。我们接触到了自我本身中的一些事情，它们也是无意识，它们的行动像被压抑一样——就是说，它们在本身不被意识到的情况下产生了一些强大的影响，它们需要经过特殊的工作才能成为意识。从分析实践的观点来看,这一发现的结果是,如果我们坚持我们习惯的表达方式,例如,如果我们试图从意识和无意识的冲突中追溯神经症的根源,我们就会处于一片朦胧和无穷无尽的困难之中。我们将不得不用另一种对立——它来自我们对心理结构状态的洞察,即用现实清晰的自我与由自我分裂出来的被压抑的部分之间的对立来取代这个冲突。[1]

但是,对于我们的无意识概念,我们的发现结果尤为重要。动力学考察使我们做了第一个修正;我们对心理结构的洞察则引导我们做出第二个修正。我们认识了无意识与被压抑的东西并不一致;所有被压抑的东西都是无意识的,这仍然是正确的;但并不是所有的无意识都是被压抑的。自我的一个部分——多么重要的一个部分啊——也可能是无意识,毫无疑问是无意识。[2]属于自我的这个无意识不像前意识那样是潜伏的;因为如果它是潜伏的话,那么它不变成意识就不能活动,而且使它成为意识的过程也不会遭到这样巨大的困难。当我们发现我们面对着假设第三个不是被压抑的无意识的必要性时,我们必须承认"处于无意识中"这个特征对于我们开始丧失了

---

[1] 见《超越唯乐原则》(1920年,《标准版全集》第18卷第19页)。

[2] [这不仅在《超越唯乐原则》中已被表述过(部分引文),更早出现在《无意识》中(1915年,《标准版全集》第14卷第192—193页)。实际上在题为《防御机制的精神神经症》(1896年)的第二篇文章的开始的论述中已经透露了这一点。]

意义。它变成一种能有许多意思的性质，我们无法像我们应该希望做的那样把这种性质作为一个影响深远的、不可避免的结论的基础。然而我们必须提防忽视掉这个特性，因为处于还是不处于意识中这个属性乃是我们在深蕴心理学的黑暗中最终依凭的一盏指路明灯。

第二章　自我和本我

　　病理学的探索使我们的兴趣全部集中于被压抑的东西上面。既然我们知道，就自我这个词的适当含义而言，它也可以是无意识的，那么我们就想对自我知道得更多一些。迄今，在我们的调查过程中，我们所具有的惟一的向导是意识或者无意识的区分标志；最终我们会看到这个区分标志的意义是多么含混不清。

　　现在我们所有的知识一律都与意识密切相关。只有通过使无意识成为意识，我们才能知道无意识。但是，等一等，这怎么可能呢？当我们说"使某物成为意识"，这意味着什么呢？这是怎么发生的呢？

　　我们已经知道了我们在这个关系中的出发点。我们已经说过，意识是心理结构的外表（surface）；这就是说，我们已经把它作为一个功能归于一个系统，这个系统在空间上是第一个被外部世界接触到的——所谓在空间上不仅仅指功能的意义，在这个场合，也指解剖结构的意义。[1]我们的调查也必须以这个知觉外表为出发点。

所有知觉，不论从外部（感官知觉）还是内部——我们称之为感觉和感情——接受的知觉，一开始都是意识。但是那些我们能够（粗略地、不确切地）以思想过程的名称来概括的内心过程是怎么样的呢？它们代表了心理能量在通往行动的道路时，在器官内部某处发生的转移。它们是向着产生意识的表面前进的吗？或者是意识通向它们？当人们开始严肃地采用心理生活的空间的或"地域学的"观念时，很清楚，这就产生了一个困难。这两种可能性同样不可想象；这里肯定存在着第三种选择。[2]

在另一个地方，[3]我已经提出过，一种无意识与一种前意识观念（思想 thought）之间的真正区别在于：前者靠一些未知的材料进行，而后者（前意识）另外还与词表象（word-presentations）有关。除了前意识和无意识与意识的关系外，这是表明这两个系统的区分标志的第一个企图。"某物怎样变成意

---

[1] 《超越唯乐原则》（1920 年，《标准版全集》第 18 卷第 26 页）。
[2] ［这一点在《无意识》（1915 年）一书的第二节中有着较充分的论述（《标准版全集》第 18 卷第 173—176 页）。］
[3] 《无意识》（同上书第 201 页）。

识呢?"这个问题这样提出会更有利:"某物怎样变成前意识?"回答将是:"通过相应于该物的词表象而变成前意识。"

这些词表象是记忆的残余(residues of memories);它们曾经一度是知觉,它们像所有的记忆残余(mnemic residues)一样还会再度变成意识。在我们进一步关心它们的本质之前,我们渐渐认识到一个似乎是新的发现:只有曾经一度是意识知觉的某物才能够变成意识,任何产生于内部的某物(除开感情)要想成为意识,必须试图把自身变成外部知觉——这只有依靠记忆痕迹(memory-traces),才有可能。

我们把记忆残余看作是包含于那些直接与知觉意识系统(Pcpt. Cs.)毗邻的系统之中,所以,这些残余的精力贯注可以随时从内部延伸到知觉意识系统的要素中去。[①]这里,我们马上会想到幻觉(hallucination),想到最生动的记忆总是和来自幻觉与来自外部的知觉有区别这一事实;[②]但是,我们马上也会发现,当记忆复活时,精力贯注留在记忆系统中,当精力贯注不仅仅蔓过记忆痕迹通向知觉因素,而是全部穿过它时,那个与知觉无法区别的幻觉就能够产生。

词语的(verbal)残余首先从听知觉(auditory perception)

---

① [见《释梦》第七章(1900年,《标准版全集》第5卷第538页)(二)。]
② [布罗伊尔曾在他为《歇斯底里研究》所作的理论贡献中表述过这个观点(1895年,《标准版全集》第2卷第188页)。]

中得到，[①]所以前意识系统可以说有一个特别的感觉来源。词表象的视觉成分是第二位的，是通过阅读得到的，可以首先放在一边；同样，除聋哑人以外，语词（words）的运动印象（motorim-ages）也可以起辅助的指示作用。实质上，一个词毕竟是一个曾经听到过的词的记忆残余。

当视觉记忆残余是某些事物时，我们千万不要由于喜欢简单化而忘记这些视觉记忆残余的重要性，或者否认思想过程通过向视觉残余的回复而变成意识的可能性；否认在许多人看来，是一个优惠的方式。对梦和前意识幻想（phantasies）的研究就像在瓦伦东克（Varendonck）的观察中[②]显示的那样能为我们提供关于这个视觉思维（visual thinking）特性的观念。我们知道，在视觉思维中成为意识的东西通常仅是思想的具体题材（subject-matter）。我们还知道，对这个题材的各种因素——它们乃是具体标志思想特征的东西——之间的关系不能提供视觉表达。因此，形象思维（thinking in pictures）只是一种变成意识的很不完全的形式。在某些方面，它也比语词思维（thinking in words）更接近无意识过程，也毫无疑问地在个体发生和种系发生方面早于语词思维。

---

① 〔弗洛伊德在他关于失语症（aphasia）的专题著作中（1891 年），在病理学发现的基础上得到了这个结论。（同上书第 92—94 页）这一点在论文《无意识》附录三的重作的那部著作的图解中表述出来（《标准版全集》第 14 卷第 214 页）。〕
② 〔见瓦伦东克的著作（Varendonck, 1921 年）；弗洛伊德为它写了一篇序言（1921 年）。〕

再回到我们的争论上来：本身无意识的某物变成前意识——如果是这样的话，那么，我们怎样使被压抑的某物变成（前）意识的问题就应该这样回答：是由于在分析工作中提供了前意识中间环节。因此，意识留在原地；但另一方面，无意识不会上升为意识。

由于外部知觉与自我的关系说得非常清楚，内部知觉与自我的关系就需要特殊的调查研究。它再一次提出一个疑问：我们把整个意识归于单一的知觉意识表层系统是否真是正确的。

内部知觉产生了对各种各样的过程的感觉，当然也包括对来自心理器官的最深层的过程的感觉。对这些感觉和感情我们知道得很少；那些属于愉快与不愉快系列的感觉和感情仍然可以被看作是它们的最好的例子。它们比产生于外部的知觉更原始、更基本，而且，甚至当意识处于朦胧状态，它们也能够发生。我在其他地方[1]说明了我对它们的较大的经济意义和在这一点上的元心理学理由的观点。这些感觉是多室的（multilocular），像外部知觉一样；它们可以同时来自不同的地方，因而可以有不同的、甚至互相对抗的性质。

具有愉快性质的感觉没有一点儿内在的推动力，而不愉快的感觉却高度地拥有这推动力。后面的这种推动力趋向变化，趋向发泄，这就是为什么我们把不愉快解释为精力贯注的增

---

① ［《超越唯乐原则》（1920年，《标准版全集》第18卷第29页。）］

高，而把愉快解释为精力贯注的减弱。让我们把变成像愉快和不愉快那样的意识的东西叫作心理事件进程中量的和质的"某物"，于是问题变成：这个"某物"在它所在的地方是否能够变成意识，或者它是否首先必须被发送到知觉系统中去。

临床经验决定了后者。它显示给我们，这个"某物"的活动就像一个被压抑的冲动（impulse）。它能够在自我没注意到强迫时发挥出推动力。直到出现对强迫的抗拒，出现发泄反应（discharge—reaction）的阻滞，才使得这个"某物"立刻变成像不愉快那样的意识。同样，来自肉体需要的紧张可以处于无意识，处于外部知觉与内部知觉中间的事物——疼痛（pain）也能够这样，甚至当这个疼痛源自外部世界时，它的行为却好像是一个内部知觉。因此，感觉和感情也只有通过接触知觉系统才能变成意识，这是正确的；如果这条前进的道路受到阻碍，它们就不会变成感觉，尽管在兴奋过程中与它们相应的"某物"还是一样，就像它们会变成感觉那样。然后，我们以简约的、不完全恰当的方式来谈论"无意识感情"，将它与并非无懈可击的无意识观念相类比。实际上，区别在于与无意识观念相关的环节在无意识观念能够被带入意识之前必须被创造出来，而感情则自己直接发送。换句话说：意识与前意识之间的区别在涉及感情时便没有什么意义了。这里，前意识退出了——而感情或是有意识的，或是无意识的。甚至当感情依附于词表象时，它们变成意识也不是由于这个依附关系，它们是直接变成意识的。①

现在，词表象所起的那份作用变得非常清楚了。由于它们的插入，内部的思想过程进入了知觉。这就像所有的知识都来源于外部知觉这一原理所证明的那样。当思想进程的高度精力贯注发生时，思想实际上已被知觉到——好像它们来自外部一样——因而被认为是真实的。

澄清了外部知觉、内部知觉与知觉意识的表面系统之间的关系之后，我们就能够继续研究自我这一观念。正如我们所看到的，自我源自知觉系统，这个知觉系统是它的核心（nucleus），自我由领悟到前意识开始，这个前意识与记忆的残余相毗邻。但是，正如我们已经知道的，自我也是无意识的。

现在我想我们遵从一位作家的提议将获得很大的成果，这位作家出于私人的动机徒劳地断言，他与纯科学的精确性毫不相干。我说的是乔治·格罗代克（Georg Groddeck）。他一直不懈地坚持说，我们称之为自我的那个东西在生命中基本上是被动地行动着的；他还坚持说，我们"活着"依靠的是未知的和无法控制的力。②我们全都有过这一类的印象，即使它们不能强使我们排斥所有其他的印象。我们应该毫不犹豫地为格罗代克的发现在科学结构中找到一席地位。我建议重视这个发现，因

---

① ［见《无意识》第三节(1915年，《标准版全集》第14卷第177—178页)。］
② 见格罗代克的著作(Groddeck，1923年)。

此我们称呼出自知觉系统，并由前意识开始的统一体为"自我"，并且按照格罗代克的方法称呼心理的另一个部分为"本我"，[1]统一体会延伸到这个部分中去，这个部分的行为好像它曾是无意识的。

我们很快就将看到，为了描写或理解，我们是否能够从这个观点中获得一些好处。现在，我们将把一个个体看作未知的和无意识的心理的本我，自我依托在它的表层，知觉系统从它的内核中发展出来。如果我们努力对它进行形象化的描述，我们可以补充说自我并不全部包住本我，而只是包住了一个范围，在这个范围里知觉系统构成了它的[自我的]表层，多少有些像胚盘依托在卵细胞上一样。自我并不与本我明显地分开；它的较低级的部分并入本我。

但是被压抑的东西也并入本我，并且仅仅作为它的一个部分。被压抑的东西只是由于压抑的抗拒而与自我截然分开；它能够通过本我与自我相通。我们立刻了解到，几乎所有我们在病理学的教唆下所划定的分界线仅仅与心理器官的表层——我们惟一知道的那些部分——有关。我们已描述过了的这些东西的状态可以用图表述如下；[2]虽然必须承认我们选择的这个形

---

① 毫无疑问，格罗代克以尼采为榜样，他习惯于使用这个语法术语表达我们本性中的非人格的以及——可以这么说——隶属于自然法则的东西。

② ［此图与《引论新讲》（1933 年）第 31 讲将近结尾处的图仅有微小的区别。《释梦》（1900 年）《标准版全集》第 5 卷第 541 页中有一个完全不同的图——它的前身出现于 1896 年 12 月 6 日给弗莱斯（Fliess）的一封信中（弗洛伊德，1950 年第 52 封信）——这个图同样涉及了功能和结构。］

式并不打算到处套用，它只不过是用来说明问题而已。

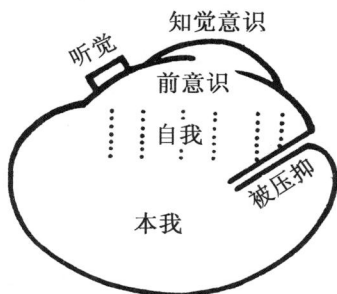

我们大概可以补充说——仅从一个方面——自我戴着一顶"听觉的帽子"，[①]就像我们从大脑解剖中知道的那样。人们可以说这顶帽子是歪戴着的。

很容易看到自我是通过知觉意识的中介而为外部世界的直接影响所改变的本我的一个部分；在某种意义上它是表面分化的扩展。而且，自我企图用外部世界的影响对本我和它的趋向施加压力，努力用现实原则代替在本我中自由地占支配地位的快乐原则。知觉在自我中所起的作用，在本我中由本能来承担。自我代表可以称作理性和常识的东西，它们与含有感情的本我形成对比。这个全都与我们大家熟悉的普遍特征相符合；但是，这仅仅被认为适用于一般水平或"理想的情况"。

---

① ［"Hörkappe"（德文：听觉的帽子）即听叶（auditory lobe）。］

自我功能的重要性表现在下面这一事实上，即在正常情况下，对能动性的控制移归自我掌握。这样，在它与本我的关系中，它就像骑在马背上的人，他必须牵制着马的优势力量；所不同的是：骑手试图用自己的力量努力去牵制，而自我则使用借来的力量。这个类比还可以进一步引申。假如骑手没有被马甩掉，他常常是不得不引它走向它所要去的地方；[①]同样，自我习惯于把本我的欲望转变为行动，好像这种欲望是它自己的欲望似的。

　　除了知觉系统的影响以外，另一个因素好像在形成自我和造成它从本我分化出来中起着作用。一个人自己的躯体，首先是它的外表，是一个可以产生外部知觉和内部知觉的地方。它像任何其他对象那样被看到，但是对于触觉，它产生两种感觉，其中一个可能与内部知觉相等。心理生理学已经充分讨论了一个人自己的躯体在知觉世界的其他对象中获得它特殊位置的方式。在这个过程中，疼痛好像也起了作用，在疼痛中我们获得我们器官的新知识，这个方式也许是一般我们得到我们躯体观念的典型方法。

　　自我首要地是躯体的自我（bodily ego）；它不仅仅是一个表面的实体，而且本身即是表面的投影。[②]如果我们希望找出它

---

① ［这个类比作为对弗洛伊德的一个梦的联想出现于《释梦》中（《标准版全集》第 4 卷第 231 页）。］

② ［即自我最终来源于身体的感觉，主要来自身体表面发出的感觉。可以把自我看作身体表面的心理投影，另外，如我们在前面看到的，它代表心理结构的表面。——此注首次出现于 1927 年的英译本中，在该译本中还说此注是经弗洛伊德认可的。在德文版中没有这个注释。］

在解剖上的类比，我们最好能使它和解剖学者们的"大脑皮层人像"（cortical homunculus）等同起来，这个"大脑皮层人像"倒立于皮质之中，脚踵上举，面孔朝后，就像我们所知道的，他的言语区域在左手那边。

自我与意识的关系已被再三讨论过了；在这一方面还有一些重要的事实需要在这里阐述。虽然我们无论到哪儿都带着我们的社会的或伦理的价值标准，但是，当听到较低级的感情的行动舞台是在无意识之中，我们并不感到惊讶；而且我们希望在我们的价值标准中排列得越高的心理功能，能够越容易地找到通向意识的道路，从而得到保证。但是，这里，精神分析的经验使我们失望。一方面我们确实发现：甚至通常要求强烈反思的微妙的和困难的智力操作同样能够前意识地进行而不进入意识。这类例子相当确凿；例如，它们可以在睡眠状态中发生，就像事实表明的，某人醒后立刻发现他知道了某个困难的数学题或其他问题的答案，对这个答案，他前一天苦苦思索而徒劳无效。①

但是，有另外一个现象，一个更为奇怪的现象。在分析中我们发现有一些人的自我批评和良心的官能——这是一些极高级的心理活动——是无意识的而且无意识地产生最重要的结果；因此在分析中抗拒属于无意识的例子并不是独一无二的。

---

① 我最近才听说这样的例子，实际上，对于我的"梦工作"的描述来说，这倒是一个异议。［见《释梦》《标准版全集》第 4 卷第 64 页；第 5 卷第 564 页。］

但是这个新发现不顾我们良好的批评判断，迫使我们谈论一种"无意识罪恶感"，[①]它比其他发现更加使我们感到困惑，并给我们提出一些新问题，特别是当我们逐渐看到了在大量的神经症病例中这一类无意识罪恶感起了决定性的经济作用，并且在复原的道路上设置了最强有力的障碍。[②]如果我们再次回到我们的价值标准上，我们将不得不说在自我中，不仅最低级的东西，而且最高级的东西都可以是无意识的。就像我们对我们刚刚说过的意识自我（conscious ego）拥有一种证据一样：自我首要地是一种躯体自我。

[①]［这个词语在弗洛伊德题为《强迫行为和宗教实践》的论文中出现过（1907 年，《标准版全集》第 9 卷第 123 页）。但是，这一概念的最早的前身在第一篇题为《防御性精神神经症》（1894 年）的论文的第二部分中就出现了。］

[②]［进一步的论述在第 66—67 页。］

第三章　自我和超我（自我典范）

如果自我仅仅是受知觉系统的影响而改变了的本我的一个部分，即在心理中代表现实的外部世界，我们就应该论述一下事情的一般状态。不过还有一个更复杂的问题。

在自我中存在着一个等级，在自我内部存在着不同的东西，可以把它称作"自我典范"或者"超我"。引导我们作出这个假说的考虑曾在别处叙述过。①它们仍旧适用。②自我的这个部分与意识的关系不太牢固这一事实十分新奇，需要解释。

在这一点上我们必须稍许扩大一下我们的范围。由于我们假定了[在那些受忧郁症折磨的人中]一个失去的对象被重新安置在自我之中——就是说一种向对象的精力贯注被一种自居作用代替了，③我们才成功地说明了忧郁症患者的痛苦。但是那时，我们没有正确评价这个过程的全部意义，也不知道它是多么普遍、多么典型。从那以后，我们开始理解这类替换在决定自我采取的形式中起了很大作用，并且这类替换在建立人们叫做自我的"性格"（character）上作出了必要的贡献。④

最初，在个人的原始性口欲阶段，向对象的精力贯注和自居作用毫无疑问是难以互相区别的。⑤我们只能假定以后向对象的精力贯注源自本我，本我感到性的需要。一开始还处于软弱状态的自我开始感觉到向对象的精力贯注，它或者默许它们，或者用压抑过程挡住它们。⑥

当一个人不得不放弃性对象时，他的自我常常发生一个变化，这个变化只能被描写为在自我内部的一个对象的建立，就

---

① 参看《自恋导论》（1914年）和《集体心理学和自我的分析》（1921年）。

② 除非我错误地把"现实检验"的功能归于这个超我——这是需要纠正的一点。[见1921年《标准版全集》第18卷第114页和注2。]假如现实检验仍是自我本身的任务，它将完全适合于自我与知觉世界的关系。一些从来没有非常明确地阐述过的关于"自我的核心"的较早的建议也需要校正，因为单单知觉意识系统就能作为自我的核心。[弗洛伊德在《超越唯乐原则》（1920年）中谈到把自我的无意识部分作为它的核心（《标准版全集》第18卷第19页）；在弗洛伊德以后写成的论文《幽默》（Humour, 1927年）中，他提出超我作为自我的核心。]

③ 《忧伤和忧郁症》（1917年）《标准版全集》第14卷第249页。

④ [在论文《性格与肛欲》（1908年）结尾的编者注释中（《标准版全集》第9卷第175页）有对另一些段落的参考意见，其中弗洛伊德论述了性格的形成。]

⑤ [见《集体心理学》第七章（1921年，《标准版全集》第18卷第105页）。]

⑥ 自居作用代替对象选择的有趣的类似情况可以在原始人的信仰中和在信仰基础上建立起来的禁令中找到，变成了食物的动物的属性持续在以它们为食的动物的部分性格中。正如人们所知的，这个信仰是同类相食的根源之一，它还影响了一些图腾禁食习惯，以及在圣餐方面有所影响。[见《图腾与禁忌》（1912—1913年，《标准版全集》第13卷第82页，第142页，第154—155页）。]这些结果可以认为是由口来主宰或控制对象的信念而产生的，事实上，这个结果确实是在后期性对象选择的情况中产生的。

像在忧郁症中所发生的一样；我们对于这个替换的确切的本质还一无所知。它可能是一种内向投射——这是一种向口欲阶段机制的退行——使对象更容易被抛弃，或者使这个过程成为可能。也可能是这样：这种自居作用是使本我能够放弃它的对象的惟一条件。至少这个过程，特别是在发展的早期阶段，是经常发生的，这就使我们有可能假设自我的性格是被放弃了的对象的精力贯注留下的，并且包含着选择这些对象的历史。当然，从一开始就必须承认抗拒有着程度不同的能力，它们决定着一个人的性格是挡住还是接受他的性对象选择（erotic object-choices）的历史影响的程度。在那些在爱的方面有着许多经历的妇女中寻找她们性格特征中的对象精力贯注的痕迹似乎并不困难。我们还必须考虑到同时发生对象精力贯注和自居作用的情况——就是说，在这些情况中，性格中的改变发生在对象被放弃以前。在这种情况下，性格中的改变已经能够超越对象关系，从某种意义上来说，改变已经能够保留对象关系。

从另一个观点来看，可以这样说，从性对象选择到自我改变的转变也是一种方法，用这方法自我能够获得对本我的控制，并加深与本我的关系。确实，这在很大程度上是以默认本我的经验为代价的。当自我采取对象的特征时，可以这样说，它是把自己作为一个爱对象（love-object）强加于本我，并用这样的说法试图赔偿本我的损失："瞧，你也能爱我——我是多么像那对象。"

这种从对象力比多（object-libido）向自恋力比多的转化明显地暗示了性目的的放弃，暗示了失去性欲——所以这是一种升华作用。确实，问题出现了，需要仔细地考虑：这个转化不是通往升华作用的一般道路吗？所有的升华作用不都是通过自我这一媒介而发生的吗？这些升华作用开始于性对象力比多改变为自恋力比多，之后，可能继续给自恋力比多另外一个目的。[1]在后面我们将不得不考虑本能的其他变化是否也是这个转化的结果，例如，这个转化会不会造成融合在一起的各种本能的解脱（defusion）。[2]

虽然这是题外话，但是暂时我们不能避免把注意力集中到自我的对象自居作用（object-identifications）上去。如果它们占了上风，变得数量很大，并且过分强大以致彼此不相容，那么一种病理上的结果就已经为期不远了。在不同的自居作用相互间被抵抗切断的情况下，自我的分裂也会到来；可能被描写为"多重人格"（multiple personality）的病例的秘密就是不同的自居作用依次占有意识。甚至在并非这样严重的时候，各种自居作用之间的矛盾冲突还是存在，在这些矛盾中使自我功能开始

---

① 既然我们区分了自我和本我，我们就必须把本我看作力比多的大量储存器，如我在关于自恋的论文中表明的那样（1914 年，《标准版全集》第 14 卷第 75 页）。由上面描述过的自居作用引起而流入自我的力比多带来了自我的"继发性的自恋"。

② ［在第 195 页和第 205 页，弗洛伊德又回到这段所谈的题目上来。本能结合和本能解脱的概念在第 189—190 页中有说明。这些术语在百科全书条目中已有介绍（1923 年《标准版全集》第 18 卷第 258 页）。］

分离，但这矛盾毕竟不能全部被描写成病理性的。

但是不管性格抵抗被放弃的对象精力贯注的影响的新能力是什么样的，在最早的童年时期产生的第一个自居作用的影响将是普遍的和持久的。这一点把我们带回到了自我典范的起源；因为在它后面隐藏着个人的第一个、也是最重要的自居作用，即在他的个人的前历史中他与父亲的自居作用。[①]首先，这个自居作用显然不是向对象精力贯注的结果或成果；它是一个直接和瞬间的自居作用，并且发生在任何对象精力投入之前。[②]但是性爱对象选择属于第一个性阶段、并且与父母有关，好像完全正常地在一个这样的自居作用中寻找它们的结果，而且这样来加强最初的这个自居作用。

但是，整个题目是如此复杂以至于必须深入细节去探究它。问题纠缠在两个因素上：奥狄帕司情结的三边特性和每个个人在结构上的双性倾向。

在这个问题的简化形式中，一个男性儿童的情况可以作如下描写。在他幼小的时候，小男孩发展对自己母亲的对象精力

---

① 也许说"与双亲"(with the parents)更保险一些；因为在孩子已经明确地知道了两性之间的不同，也即有没有阴茎之前，他区分不了父母之间在价值上的区别。我最近遇到了一个少妇的例子，她的事例表明，当她发现自己没有阴茎后，她以为不是所有的妇女都没有阴茎，而仅是被她认为下等的妇女才没有，她仍以为她的母亲是有的。[见《婴儿性心理发展》的注释(1923 年，《标准版全集》第 19 卷第 145 页)。]——为了使论述简明，我只讨论与父亲的自居作用。

② [见《集体心理学》第七章的开始部分(1921 年，《标准版全集》第 18 卷第105 页)。]

贯注，这个对象精力贯注最初是与母亲的乳房相关联的，并且在性欲依附的模型上是性爱对象选择的原型；[1]男孩用把自己与其父亲等同起来的方法来对待他的父亲。有一段时间，这两种关系并肩进行着，直到男孩对他母亲的性的欲望变得更强烈，并且发现他的父亲成为他们之间的障碍时为止；从这开始，奥狄帕司情结才产生。[2]然后他与他父亲的自居作用染上了敌对的色彩，并且为了取代父亲在父母关系中的地位，这个自居作用变为一种摆脱其父亲的愿望。从此以后他与他父亲的关系就充满着矛盾冲突，看上去好像自居作用中固有的矛盾冲突从一开始就变得明显了。对父亲的态度充满矛盾冲突和对母亲专一的充满深情的对象关系在一个男婴身上构成了简单明确的奥狄帕司情结的内容。

随着奥狄帕司情结的破坏，男孩对他母亲的对象精力贯注必被抛弃。这个位置可能被以下两者之一所代替：或者是产生与他母亲的自居作用，或者是与他父亲的自居作用增强了。我们已习惯于认为后面的结果更为正常，它允许对母亲充满深情的关系在一个限度内保留下来。这样，奥狄帕司情结的分解[3]就会加强男孩性格中的男子气。与此完全相似，[4]一个小女孩

---

① ［见论自恋的文章(1914 年，《标准版全集》第 14 卷第 87 页)。］

② 《集体心理学》的部分引用(1921 年)。

③ ［在这一题目的论文(1924 年)中弗洛伊德对这个问题作了更充分的说明。］

④ ［关于奥狄帕司情结的结果在女孩和男孩中"完全相似"的观点此后不久便被弗洛伊德抛弃了。请参见弗洛伊德著《两性结构特点引起的心理后果》(1925 年)。］

的奥狄帕司态度的结果可能是她与她母亲的自居作用的增强（或者首次建立起这样一个自居作用）——这个结果将会使小孩的女性性格固定下来。

这些自居作用不是我们本该期望的（来自上面第177页的理由），因为它们没有把被抛弃的对象引进自我；但是这个可供选择的结果也会发生，这个结果在女孩身上比在男孩身上更容易观察到。分析常常表明一个女孩在她不得不放弃把父亲作为爱对象以后，她的男子气会变得显著突出，并用以父亲（也就是与已失去的对象）自居来代替与她母亲的自居作用。这将明显地取决于在她的性情——不管由什么组成——中的男子气是否足够强烈。

因此，显然在两性中，男性和女性的性倾向的相对力量决定了奥狄帕司情结的结果是与其父亲起自居作用还是与其母亲起自居作用。这是许多方式中的一种，在这种方式中，双性倾向在以后的奥狄帕司情结变化中起着作用。另外的一种方式更为重要。因为人们得到了一种印象：简单的奥狄帕司情结绝不是它的最通常的形式，而是代表着它的简单化和系统化，确实，这种简单化和系统化常常在实践中被充分肯定。更进一步的研究通常能发现更完整的奥狄帕司情结，这个奥狄帕司情结具有双重性：肯定性和否定性，并归于最初在儿童身上呈现的双性倾向。这就是说，一个男孩不仅仅有一个对其父亲有矛盾冲突心理和对母亲深情的性爱对象选择，而且同时他的所作所为也像一个女孩，对其父亲表现出充满深情的女性态度和对其母亲表现出相应的妒忌和敌意。这就是双性倾向所引进的复杂因素，它使得要获得与最早的性爱对象选择和自居作用相联系的事实的清楚观念困难重重，要想明白易懂地描写它们就更加困难。甚至可能会是这样：在与父母的关系中展现出的矛盾冲突应该全部归因于双性倾向，正如我在上面阐述的那样，它并不是由作为竞争结果的自居作用发展出来的。[①]

我认为，假定完整的奥狄帕司情结的存在，一般来说是合理的，特别是在与神经症有关联的地方。分析的经验显示出，在许多情况中，除了一些仅能辨别出的痕迹，这个或那个组成成分消失了；所以，结果是一头是一个正常的、阳性的奥狄帕司情结，另一头是一个反常的、阴性的奥狄帕司情结的系列，同时它的中间部分用它的两个成分中的优势的一个来展现整个形式。在奥狄帕司情结分解时，它所包含的四个趋向会在产生父亲自居作用和母亲自居作用的过程中集聚起来。父亲自居作用会保护属于阳性情结的与母亲的对象关系，并且将同时取代属于阴性情结的与父亲的对象关系；母亲自居作用也同样如

[①] ［弗洛伊德关于双性倾向的重要性的信念有过一个漫长的过程。例如，在《性欲理论三讲》(1905 年) 的第一版中，他写道："我以为不重视双性倾向，几乎就不可能理解在男人和女人身上真实地观察到的性现象。"(《标准版全集》第 7 卷第 220 页。) 再早，我们在他致弗莱斯 (在这个问题上，弗莱斯对弗洛伊德影响颇大) 的信中看到一段文字，可以说是这个论述的前身 (《弗洛伊德》，1950 年，第 113 封信，1899 年 8 月 1 日)："双性倾向！ 我相信在这一点上你是对的。我正在使自己习惯于把每一次性行为看作四个个体之间的事情。"］

此，但在细节上作必要的修正。任何个人的两个自居作用的相对强度会反映出他身上的两个性倾向中有一个占优势。

所以，被奥狄帕司情结所控制的性阶段的十分普遍的结果可以被看作是自我中一个沉淀物的形成，它包含着在某些方面互相结合的两个自居作用。这种自我的改变保留着它的特殊地位；它面对着作为自我典范或超我的自我的另一个内容。

但是，超我并不单单是本我最早的性爱对象选择的一个痕迹，它还代表一个反对这些选择的强有力的反相形成。它与自我的关系并未被以下这句格言把内容抽空："你应该像这个（像你父亲）。"它还包含了这个禁令："你不可以像这个（像你父亲——这就是说，你不可以做所有他做过的事；有一些事情乃是他的特权。"自我典范的这种两重性来自于自我典范有压抑奥狄帕司情结的任务这个事实；确实，这种情况之所以能存在正是应归因于这种革命的事件。很清楚，对奥狄帕司情结的压抑并不是件容易的事情。对于实现孩子的奥狄帕司愿望来说，孩子的父母，特别是他的父亲，被视为一个障碍；所以为了实行压抑，他幼稚的自我用在自身建立起同样的障碍来增强自己。可以这么说，它从他父亲那里借来力量做这件事，这个借贷是特别重要的行为。超我保留了父亲的性格，同时奥狄帕司情结越是强大，它屈服于压抑就越快（在权威、宗教教育、学校教育和阅读的影响之下），接着，超我支配自我会更严格——以良心的形式或可能以无意识罪恶感的形式。我不久将提出一个看法：超我这种统治权力的源泉带有强迫特点的专制命令形式。

如果我们再次考虑如前所述的超我的起源，我们会发现这是两个非常重要的因素的结果，一个是生物本性，另一个是历史本性，即：人类童年期无助和依赖的漫长过程，他的奥狄帕司情结的事实（我们已经说明，对奥狄帕司情结的压抑与潜伏阶段之前力比多发展的中断有关，同样也和一个人的性生活的双相性起源有关）。[1]按照一个精神分析的假设，[2]最后所提到的好像为人所特有的这个现象是冰河时期必然引起的文化发展的遗产。因此我们看到超我从自我分化出来并非偶然；这种分化代表着个人发展和种系发展的最重要的特性；确实，通过把父母的影响看作永久性的东西，这种分化才使得上述那些因素——这些因素是这种分化的起源——能永久存在下去。

精神分析学曾多次被指责忽视了人性高级的、道德的、超个人方面。这种指责无论在历史上还是在方法上都是不公正的。首先，因为从一开始我们就把恣意压抑的功能归于自我中

---

[1] 〔在德文版中，这个句子如下：“如果我们再一次像我们对超我所描绘的那样来考虑超我的起源，我们会发现它是两个特别重要的生物学因素的结果：即童年的无助和依赖在男人身上的长期持续，他有奥狄帕司情结——我们把这个奥狄帕司情结上溯到潜伏期前力比多的发展的中断，一直到男人性生活的两性起源。”前面稍许不同的译文由于弗洛伊德的明确指示收入了 1927 年的英译本。由于某种理由，这个修正并未在稍后一些的德文版中出现。〕

[2] 〔这个观点是由费伦采提出的（1913 年）。在《抑制、症状和焦虑》（1926 年，《标准版全集》第 20 卷第 155 页）的第十章将近末尾的地方，弗洛伊德好像更明确地接受了它。〕

的道德和美的趋势，其次，这种指责是对一种认识的总的否定，这种认识认为精神分析的研究不能像哲学体系一样产生一个完整的、现成的理论结构，而必须通过对正常和反常的现象进行分析的解剖来寻找逐步通向理解复杂心理现象的道路。只要我们关心心理生活中被压抑东西的研究，我们就完全没有必要担心找不到人的高级方面的东西。但是，既然我们已经着手对自我进行分析，我们就能够回答所有那些道德感受到打击的人和那些抱怨说人确实必须有个高级本性的人："非常正确，"我们可以说，"正是在这个自我典范或超我中，我们具有那个高级本性，它是我们与父母关系的代表。当我们还是小孩时，我们就知道那些高级本性，我们羡慕它们，也害怕它们；之后我们就把它们纳为己有。"

因此，自我典范是奥狄帕司情结的继承者，这样，它也是本我的最强大的冲动和最重要的力比多变化的表现。通过自我典范的建立，自我已控制了奥狄帕司情结，同时还使自己掌握了对本我的统治权。自我基本上是外部世界的代表、现实的代表，超我则作为内部世界和本我的代表与自我形成对照。正如我们即将看到的，自我与超我之间的冲突最终将反映为现实的东西和心理的东西、外部世界和内部世界之间的悬殊差别。

通过理想的形成，生物学以及人种的变迁在本我中所建立起来的、并且遗留在本我之中的东西被自我所接管并在与自我的关系中作为个体被自我再次体验。由于自我典范形成的方式，自我典范与每个个人的种系发生的获得物——他的古代遗产——有着最丰富的联系。通过理想形成，属于我们每个人的心理生活的最低级部分的东西发生了改变，根据我们的价值尺度变为人类心理的最高级部分的东西。但是，甚至在我们确定了自我位置的意义上，企图来确定自我典范的位置仍将是徒劳的，或者利用描绘自我与本能之间关系的方法来作类比，也是徒劳的。[①]

表明自我典范适应人们所期望的人的任何高级本性是容易的。作为一个渴望成为父亲的代替物，它包含着萌发了所有宗教的胚芽。表明自我达不到它的理想的自我鉴定，产生了谦卑的宗教感，信徒在这种宗教感中提出他渴望的申求。当一个孩子成长起来，父亲的角色由教师或其他权威人士担任下去；他们的禁令和禁律在自我典范中仍然强大，且继续发展，并形成良心，履行道德的稽查。良心的要求和自我的现实行为之间的紧张状态被体验成一种罪恶感。社会感情在自我典范的基础上通过与他人的自居作用而建立起来。

宗教、道德和社会感情——人的高级方面的主要因素[②]——原来完全是同一件事。按照我在《图腾与禁忌》[③]中所

---

① ［因此，超我没有包括在第 172 页的图中。不过，在《引论新讲》（1933 年）第 31 章的图中却给它一个位置。］
② 我暂且把科学与艺术放在一边。
③ ［弗洛伊德的著作(1912—1913 年，《标准版全集》第 13 卷第 146 页)。］

提出的假说，它们是从父亲情结中以种系发生的方式获得的：宗教和道德强制通过掌握奥狄帕司情结本身获得，社会感情通过对克服存在于青年一代人之间的竞争的需要而获得。男性看来在所有这些道德的获得物中处于领先地位；这些道德的获得物好像通过交叉遗传被传递给女性。甚至今天，社会感情是作为建立在与兄弟姐妹的妒忌竞争的冲动上面的上层建筑而出现在个人身上。因为敌意得不到满足，与以前的竞争者的自居作用便发展着。对同性恋的适当案例的研究证实了这个猜想：在这个情况中对于一个深情爱的对象经过替代与自居作用而转变成攻击与敌视的态度。①

　　但是，提到种系发生，新的问题又产生了，人们很想谨慎地避开这个问题。但是毫无办法，必须作出这种努力——不顾对暴露出我们整个努力不足的恐惧。问题是：是原始人的自我还是原始人的本我在他们的幼年从父亲情结中获得了宗教和道德？如果是他的自我，那为什么我们不能简单地说这些东西是被自我所继承的？如果它是本我，那宗教和道德又如何与本我的性格相一致呢？或者是我们错误地把自我、超我和本我之间的分化上溯到这么早的时期？或者我们不应该坦率地承认我们全部关于自我变化过程的概念无助于理解种系发生，也不能适

---

① 参见弗洛伊德著《集体心理学》(1921 年)[《标准版全集》第 18 卷第 120 页]及《嫉妒、偏执狂和同性恋的心理机制》(1922 年，《标准版全集》第 18 卷第 23 页)。

用于它？

让我们首先来回答最容易回答的问题吧。自我和本我之间的分化不仅仅应归于原始人，甚至应归于更简单的机体，因为它是外部世界的影响的不可避免的表现。按照我们的假说，超我实际上来源于导向图腾崇拜的经验。是自我还是本我经验了和获得了这些东西的问题很快化为乌有。认真的思考立刻就使我们知道除了通过自我——对本我来说，自我是外部世界的代表——任何外部的变化都不能被本我经验过或经受过，而且不可能说在自我中有直接的继承。这里，一个现实的个人和一个种属的概念之间的鸿沟变得明显了。此外，人们不能把自我和本我之间的区别看得太严格。也不能忘记自我是由本我特别分化出来的部分。自我的经验起先好像不会遗传；但是，当它们在下一代许多个人身上被经常地、有力地重复，可以这样说，自我的经验就把自己改变为本我的经验。这个经验的印象经由遗传保存下来。这样，在本我中，那些能被继承的经验就聚藏了无数自我残余的存在；当自我从本我中形成它的超我时，自我也许只能恢复以前自我的形状，并且它也许只能使这些形状复活。

超我的出现解释了自我与本我向对象精力贯注的早期矛盾怎样会继续存在于它们的继承者——超我之中的。如果自我没有在适当地控制奥狄帕司情结中获得成功，从本我涌出的奥狄帕司情结的强有力的精力贯注会再一次在自我典范的反相形成中发挥作用。自我典范与那些无意识本能冲动之间的充分的交往解决了自我典范自身如何能在很大程度上保留无意识并难以达到自我的这个难题。曾经在心理的最深层激烈进行着的、没有被迅速的升华作用和自居作用结束掉的斗争，现在在更高级的区域中继续着，就像在考尔巴赫的油画中的汉斯战役一样。①

---

① 〔这是一次战役，即通常人们所知的公元451年的沙隆战役(Battle of Châlons)，阿提拉(Attila)被罗马人和西哥德人击败。维尔黑尔姆·冯·考尔巴赫(Wilhelm von Kaulbach, 1804—1874年)为柏林的内尤斯博物馆所作的一幅壁画取材于这个战役。依照来自于15世纪新柏拉图主义者达玛斯西尤斯(Damascius)的传奇，画中描绘了战死的战士在战场的上空继续他们的战斗。〕

第四章　两类本能

我们已经说过，我们把心理区分为本我、自我和超我。如果这个区分代表了我们认识的某种进展，它就应该使我们更彻底地理解和更清楚地描述心理的动力关系。我们也已经得出结论(见第173页)，自我特别受知觉的影响，广义地说，可以说知觉对自我有着本能对本我所具有的同样意义。同时自我像本我一样也受本能的影响，如我们所知自我只不过是本我的一个特别改变过的部分。

最近我发展了本能的观点，^①在这里我坚持这个观点并把它作为进一步讨论的基础。按照这个观点，我们把本能分为两种，一种是性本能或叫做爱的本能(Eros)，它是一个非常惹人注目和比较容易研究的本能。它不仅包括不受约束的性本能本身和目标受约束的本能冲动或发源于性本能的带升华性质的冲动，而且还包括了自我保存本能，自我保存本能必须分配给自我，并且在我们分析工作的开始，我们有足够的理由把它与性对象本能相对比。第二种本能不这么容易表明；最后我们把施虐狂看作它的代表。在理论考虑的基础上，并在生物学的支持下，我们提出了死的本能的假说，这种本能的任务就是把机体的生命带回到无生命的状态；另一方面，由于产生越来越广泛的微粒的结合——活着的实体分散成这些微粒——，我们便设想爱的本能的目的在于复杂的生命，当然，同时也在于保护这个复杂的生命。这样做的结果，两种本能在词的最严格的意义中将是保守的，因为这两种本能都力图重建被生命的出现所扰乱了的事物的某种状态。生命的出现就这样成了生命继续的原因，同时也是努力趋向死亡的原因；生命本身就是存在于这两个趋向之间的一种冲突和妥协。生命的起源问题仍是个宇宙论的问题；而对生命的目的和目标这个问题的回答则具有二重性。[2]

从这个观点来看，一个特殊的生理过程（合成代谢的或分解代谢的）会与两种本能的每一种发生联系；两种本能会以不相等的比例活跃在活着的实体的每一个微粒之中，这就使某一

---

① 《超越唯乐原则》（1920 年）。

② [弗洛伊德一贯持有本能二元的分类观点，这可以在《超越唯乐原则》（1920 年）第 6 章结尾的大段注释中看到。（《标准版全集》第 18 卷第 60 页）另外，见《本能及其变化》（1915 年）的编者按语中的历史概述（《标准版全集》第 14 卷第 113—116 页）。]

个实体能够作为爱的本能的主要的代表。

无论如何，这个假说依然无助于理解两种本能相互融化、混合和合铸在一起的方式；但这个有规律地、非常广泛地发生的事情对我们的概念却是必不可少的一个设想。单细胞机体结合为生命的多细胞形式的结果显示出单细胞的死的本能能够成功地被抵消，并且破坏性冲动（destructive impulses）通过一个特殊器官的媒介被转向外部世界。这个特殊器官好像是肌肉器官；死的本能就会这样来表达自己——虽然可能只是部分地——，它是一个针对外部世界和其他机体的破坏的本能。①

一旦我们承认了两种本能相互融合的观点，它们的——或多或少完全的——"解脱"的可能性就会自己找上门来。②性本能的施虐淫成分会成为有用的本能融合的标准范例；虽然没有一种施虐狂能达到极点，但是使自己作为一个性反常行为而独立的施虐狂会成为解脱的典型。从这点出发，我们认识了大部分事实，这些事实在以前从未被清楚地考虑过。我们发觉为了发泄，破坏的本能习以为常地来为爱的本能服务；我们猜想癫痫的发作是一种本能解脱的产物和迹象；③我们开始懂得在一

---

① 〔弗洛伊德在《受虐狂的心理经济问题》中又回到这个问题上来（见《标准版全集》第 19 卷第 163 页）。〕

② 〔关于施虐狂的结果，在《超越唯乐原则》（1920 年）中有所提示。见《标准版全集》第 18 卷第 54 页。〕

③ 〔见弗洛伊德论陀思妥耶夫斯基的癫痫发作的文章（1928 年）。〕

些严重的神经症——例如，强迫性神经症——的后果中，对本能解脱和死的本能的明显出现需要进行特别的考虑。匆匆地概括一下，我们能够猜测到力比多退行（如，从性器恋阶段到施虐性肛欲阶段）的本质存在于本能的解脱中，相反，从较早的阶段到确定的性器恋阶段的进程以性成分的增加为条件。[①]问题又出来了，是否那个在具有神经症倾向的气质中常常特别强烈的普通的矛盾心理不应被视为解脱的产物；但是，矛盾心理是这样一种基本现象以致它更有可能代表一种没有完成的本能结合。

很自然，我们的兴趣将转向调查在我们假设存在的结构——以自我、超我和本我为一方，而以两种本能为另一方——这两者之间是否可能有指导性的联系可供探寻。更进一步，控制心理过程的快乐原则是否可以显示出与两种本能和我们在心理中所划出的那些区别有任何恒定不变的关系。但是在我们讨论这个以前，我们必须清除掉对有关阐明问题的术语的怀疑。确实，快乐原则是毫无疑问的，自我中的区别有很好的临床证明；但两种本能之间的区别好像没能得到足够的确证，并且有可能发现临床分析的事实使这个区别与它的权利一起废除。

---

① ［弗洛伊德在《抑制、症状和焦虑》（1926 年，《标准版全集》第 20 卷第 114 页）中又提到这一点。］

一个这样的事实出现了。为了解释两种本能的对立，我们可以放上爱和恨的两极。①要找一个爱的本能的例子是没有困难的；但我们必须庆幸我们在破坏的本能中能够找到难以理解的死的本能的例子——恨，指明了通向它的道路。现在，临床观察表明不仅仅爱被恨按着意外的规律性伴随着（矛盾心理），不仅仅在人类关系中，恨常常是爱的先驱，而且在许多情况中恨转化为爱，爱转化为恨。如果这个转化不仅限于时间上的继承——就是说，如果他们中的一个真正转化为另外一个——那么很清楚，这个话题就会从这个区别中消失了，这是一个如此基本的区别，正如爱的本能和死的本能之间的区别一样，其中的一个包含着进入相反方向的另一个生理过程。

现在，一个人对另一个人先爱后恨（或者相反）是因为那个人给了他这样做的理由，显而易见，这种情况与我们的问题没有丝毫关系。另一种情况也是如此：还不明确的爱的感情开始是用敌意和进攻趋势表达自己的；因为在这里可能是这样，在向对象精力贯注中的破坏成分匆忙前行，只是以后性爱成分才加入进来。但是我们知道在神经症心理学中的几个例子，似乎更有理由用来假设转化的确发生。在迫害妄想狂（persecutory paranoia）中，患者用特别的方法挡住了对某些特殊人物的过分

---

① ［其后的论述见《本能及其变化》（1915 年，《标准版全集》第 14 卷第 136—140 页）中关于爱与恨的关系的较早的论述。较晚，在《文明及其不满》第 5、第 6 章中也有同样的论述（1930 年）。］

强烈的同性恋的依恋；结果，他最爱的人成为一个迫害者，患者对他采取常常是危险的进攻。这里我们有权插入一个以前的阶段，这个阶段把爱转化为恨。在同性恋发源和非性欲社会感情发源的情况中，分析性的调查只是最近才告诉我们要认识竞争的狂暴感情是存在的，并会导致进攻倾向，只有在它们被克服以后，以前所恨的对象才能成为所爱的对象，或者引起一种自居作用。问题出现了，在这些例子中，我们是否要设想存在一个从恨到爱的直接转化。很清楚，在这里，这些变化是纯粹内部的，在对象行为中的一个改变在这些变化中不起作用。

但是，另外一个可能的机制是我们通过对妄想狂改变过程化的分析调查才开始知道的。矛盾心理的态度从一开始就有，由于精力贯注反相性转换的影响，精神能量从性冲动中被引出并加在敌意冲动上。

当导致同性恋的敌意竞争被克服了，不完全一样但有些相像的事发生了。敌意态度没有被满足的前景；结果——就是说，为了经济原因——，它被一个更有满足前景（也就是发泄的可能性）的爱的态度所代替。所以我们知道在任何这类事情中我们不能满足于设想一种从恨到爱的直接转化，直接转化与两种本能之间的性质差别是不能共存的。

但是，人们会注意到通过介绍由爱转化为恨的这样的另外一种机制，我们不言而喻地提出了另一个值得进行清楚阐明的设想。我们认为在心理中——不管在自我中还是在本我中——

好像存在着一个可转换的能量，这能量本身是中性的，它能被加在一个在性质上有区别的性冲动或破坏冲动上，增加它的整个精力贯注。不假设这种可转换能量的存在，我们就不能有所前进。惟一的问题是，这可转换能量是从什么地方来的，它属于什么，意味着什么？

本能冲动的性质和经过各种变化它继续存在的问题仍然是很含糊的，至今几乎还未着手研究。在特别易于观察的有性成分的本能中有可能发现几个与我们正在讨论的同属一个类型的过程。例如，我们看到某种程度的交往存在于各组成成分的本能之间，来自一个特别性感的源泉的本能可以把它的强度转于加强源自另一个源泉的另一个本能的组成成分，一个本能的满足能代替另一个本能的满足——这些事实，还有其他更多的性质相同的事实，必定激励我们敢于提出某些假设。

此外，在现在的讨论中我只提出了一个假设；我还没有证据可以提供。在自我和本我中，毫无疑问地积极行动着的这个可移换的和中性的能量从力比多——这是非性欲的爱的本能——的自恋储存中发展出来，这似乎是一个言之有理的观点（爱的本能看来比破坏的本能更具有可塑性、更容易被移换和被转换）。从这个观点出发，我们很容易继续假设这个可以移换的力比多被用来为快乐原则排除障碍和促进发泄服务。在这种关系中很容易观察到对发泄发生的途径的某种冷淡，只要它以某种方式发生。我们知道这个特性；它是在本我中精力贯注过程的特性。在性欲精力贯注中我们发现这个特性表现出对对象的一种特别注意；它在分析中出现的移情里是特别明显的，它必然地发展着，不管它们的对象是些什么人。不久以前，兰克(Rank，1913年)发表了这方面的一些很好的例子，说明了神经症性报复行为可以弄错对象。无意识部分中的这些行为使我想起了三个乡村裁缝的喜剧性故事，由于唯一的一个乡村铁匠犯了死罪，所以三个裁缝中的一个必须被吊死。[①]即使不惩罚犯罪者，惩罚也是必要的。在梦的工作的研究中，我们首先碰到了由原始心理过程造成的移换中的这种松散现象。在这种情况中，对象被这样降到仅是第二重要的地位上，就像在我们正在讨论的情况中一样，这是发泄的一些途径。自我的特性在选择一个对象和一条发泄的途径时将更加特殊。

如果这种可移换的能量是非性欲的力比多，那么它也能被描写为升华的能量；因为就它帮助建立结合或结合的趋向——这趋向是自我的特殊性格——而言，这种可移换的能量将仍然保留着爱的本能的主要目的——组合和融合的目的。从广义上说，如果思想过程包括在这些移换之中，那么，思想的活动也从性动力的升华中得到补充。

---

① 〔弗洛伊德在他关于戏谑的著作的最后一章中讲过这个故事(1905年，《标准版全集》第8卷第206页)。〕

这里我们又一次得出了已经讨论过的升华作用会通过自我的调节而有规律地发生的可能性。另一个情况将被回忆起来，在这个情况中，由于自我从本我的第一个对象精力贯注中接管了力比多来加在自己身上，并把力比多结合起来促成靠着自居作用而产生的自我的改变，自我便处理了本我的第一个对象精力贯注（当然也处理以后的一些对象精力贯注）。[性力比多]向自我力比多的转化当然包括着一个性目标的放弃，一个非性欲化过程。在任何情况中，这一点都将使处在自我与爱的本能的关系中的自我的重要功能清楚地显示出来。自我由于从对象精力贯注中抓住了力力比多，并把自己作为唯一的爱的对象树立起来，由于使本我力比多解除性欲或升华了，自我就反对了爱的本能的目的，并使自己为相反的本能冲动服务。它必然默认本我的其他一些对象精力贯注；可以这么说，它必须加入它们之中。后面我们将回到自我的这种活动的另一个可能的结果上去。

这个观点好像暗示着自恋理论的一个重要的扩充。从一开始，所有的力比多积聚在本我中，这时，自我仍在形成的过程中，或者还很弱。本我发送一部分力比多到性对象精力贯注中去，于是长得强壮了的自我试图抓住这个对象力比多，并且把自己作为爱的对象强加于本我。自我的自恋正是这样一种继发性的自恋，它是从对象中被抽出来的。[①]

---

① [见附录（二）（第 216 页）关于这一问题的论述。]

当我们能够追溯本能冲动的时候，我们一次又一次地发现，它们作为爱的本能的派生物呈现出来。如果不是因为《超越唯乐原则》中提出的几点考虑，如果不是最终因为依附于爱的本能的施虐淫成分，我们坚持我们基本的二元观点是有困难的。①但是因为我们不能避免这个观点，我们被迫下结论说，死的本能的本性是缄默的，生命的喧嚷大部分来自爱的本能。②

还有，来自反对爱的本能的斗争！很难怀疑快乐原则在它反对力比多——把干扰引进生命过程的力——的斗争中是作为一个指南针来为本我服务的。如果费希纳（Fechner）的常性原则③控制着生命是正确的——这原则包括继续下降趋向死亡——那么，常性原则就是爱的本能的要求，性的本能的要求，在本能需要的形式中阻止下降的水平和引进新的紧张。本我，在快乐原则的指导下——就是说根据痛苦的知觉——用种种方法挡住这些紧张。它这样做首先是尽可能快地按照未解除性欲的力比多的要求——努力满足直接的性趋向。但是，它是以一个更全面的方式在与一个满足的特殊形式的关系中这样做的，在这个关系中所有的成分都需要汇集——通

---

① ［见第 233 页注②。］
② 实际上，在我们看来通过爱的本能的力量，直接朝向外部世界的破坏本能才从自己转开。
③ ［见《超越唯乐原则》（《标准版全集》第 18 卷第 8—10 页）。］

过性物质的发泄；可以这么说，这个性物质是性紧张饱和的媒介物。[1]在性行为中，性物质的射出相当于躯体和种质分离的意思。这说明随着完全的性满足而来的状况活像消亡的状况，也说明死亡与一些低级动物的交配行为相一致的事实。这些造物在生殖的行为中死去，因为爱的本能通过满足的过程被排除以后，死的本能就可以为所欲为地达到它的目的。最后，正如我们看到的，自我为了它自己和它的目的依靠升华一部分力比多，在它对紧张作控制的工作中援助了本我。

---

[1] ［弗洛伊德关于"性物质"（sexual substances）的作用的观点在《性欲理论三讲》第三篇的第二部分中可看到（1905 年，《标准版全集》第 7 卷第 212—216 页）。］

第五章　自我的从属关系

我们的题材是错综复杂的，这该是下述事实的托辞：这本书中没有一章的标题与它们的内容非常相符，当我们转向题目的新的方面时，我们经常要回到那些已经论述过的事情上来。

这样，我们反复谈到：自我在很大程度上形成于自居作用，这个自居作用取代了被本我抛弃的精力贯注；在自我中，这些自居作用中的第一个总是作为一种特别的力量行动着，并以超我的形式从自我中分离出来，以后当这个超我逐渐强大起来时，自我对这样的自居作用的影响的抵抗就变得更厉害。超我把它在自我中的地位，或与自我的关系归于一个必须从两个方面考虑的因素：一方面，超我是第一个自居作用也是当自我还很弱时所发生的自居作用；另一方面，超我是奥狄帕司情结的继承者，这样它就把最重要的对象引进自我了。超我与后来改变了的自我的关系与童年最初性阶段和青春期以后的性生活的关系大略相同。虽然超我易受所有后来的影响，然而它通过生活保留着父亲情结的派生物所赋予它的特性——即与自我分离和控制自我的能力。它是自我以前的虚弱性和依赖性的纪念物，成熟的自我仍是超我支配的主要对象。自我服从于超我的强制规则，就像儿童曾被迫服从其父母那样。

但是从本我的第一个对象精力贯注和从奥狄帕司情结而来的超我的派生物对超我来说更有意义。正如我们已说明过的，这个派生物使超我与本我的种系发生的获得物发生了关系，并使超我成为以前自我结构的再生物，这个再生物曾把它们的沉淀物遗留在本我之中。这样，超我始终很接近本我，并能够作为本我的代表面对自我而行动。超我深入本我之中，由于这个道理，它比自我离意识更远。①

由于我们转向某些临床病例，我们将会很好地审查这些关系，虽然这些临床病例失去新奇感已经很久了，但是还需要对它进行理论上的讨论。

在分析工作中，某些人的行为表现出一种非常奇怪的方式。当人们满怀希望地对他们讲话或表示对医疗进展的满意时，他们却流露出不满，他们的情况总是向坏的方向发展。人

---

① 可以这么说，精神分析的或元心理学的自我和解剖学上的自我——"大脑皮层人像"——一样倒立着。

们开始把这种情况看作挑衅和证实他们比医生优越的企图，但是后来人们开始采取一个更深入、更公正的观点。人们开始确信，不仅这些人不能忍受任何表扬或赞赏，而且他们对治疗的进展作出相反的反应。每一个应该产生的并在其他人中已经产生了的局部结果，在症状有了好转或暂时中止发展的情况下，在他们身上却暂时导致病情恶化；他们在治疗中不仅没有好转，反而更加恶化。他们表现出人们所知的"负性治疗反应"。

无可怀疑，在这些人身上有某些东西坚决与恢复健康相抵触，康复临近使他担心，好像它是一种危险。我们已经习惯于说在他们身上对病的需要较之恢复健康的愿望更占上风。如果我们按照常规来分析这种抗拒——甚至在容忍他对医生持挑衅态度和从病情中得到好处的种种形式的固着以后，抗拒的大部分仍会留下来；在所有恢复健康的障碍中它呈现为最强大者，比我们熟悉的那个自恋性无接触（narcissistic inacessibility）的障碍更强大，它表现为对医生的抵触态度并依恋着从病情中所得到的利益。

最后，我们开始发现我们所论述的东西可以称为"道德"因素，一种罪恶感，它在病情中寻求它的满足并且拒绝放弃痛苦的惩罚。我们把这个令人失望的解释当作最后定论是正确的。但是仅就病员而言，这罪恶感是沉默的；它没告诉他他是有罪的；他没有感觉到有罪，他只觉得有病。这个罪恶感只是把自己表现为对恢复健康的抵抗，这个抗拒非常难以克服。要使患者相信这个动机存在于他持续有病的背后也是特别困难的；他顽固地坚持这个更加明显的解释：分析的治疗不适合他的病情。①

我们已进行的描述适用于这种事态的最极端的例子，但是在许多病例中这个因素只在很小的程度上被计算在内，也许在所有相对严重的神经症病例中也是如此。事实上，在这种情况里恰恰可能是，自我典范的态度和这个因素，决定着神经症的严重程度。因此，我们应毫不犹豫地更充分地讨论罪恶感在不同的条件下表现自己的方式。

对通常的有意识的罪恶感（良心）作出解释并不困难；它建

---

① 对分析者来说，与无意识罪恶感这一障碍的斗争不是容易的事情。没有直接反对它的事情可做，间接的也没有，除去了解无意识被压抑根源的缓慢程序和这样渐渐地把它变成意识罪恶感的缓慢程序。当这个无意识罪恶感是"借来的"——当它是一个对其他曾经作为性精力贯注对象的人发生自居作用的产物时，人们就有了把握它的特殊机会。这样来认识的罪恶感常常是被抛弃的爱关系（love-relation）遗留下来的唯一痕迹，因此根本不容易认出它是一种爱的关系（这个进程与在忧郁症中所发生的事情的相似是十分清楚的）。如果人们能暴露无意识罪恶感后面的这个以前的对象精力贯注，那么疗效常常是十分显著的，否则一个人努力的结果就毫不确定。疗效主要取决于罪恶感的强烈程度；这里常常没有治疗措施能用来反对罪恶感的同等强度的对抗力量，也许疗效也取决于分析者的人格是否允许病人把分析者放在他的自我理想的位置上，这会诱惑分析者使他想当病人的先知、救世主和挽救者的角色。因为分析学的法则正好反对医生以任何这类方式运用他的人格，所以必须坦白承认我们在这里对分析学的效力又有一个限制；总之，分析学并不表明产生病理的反应是不可能的，但是却给病人的自我决定这种方法或另一种方法的自由。——[弗洛伊德在《受虐狂的心理经济问题》中又回到了这个论题（1924 年，《标准版全集》第 19 卷第 166 页），他在那里论述了无意识罪恶感与道德受虐狂之间的区别。《文明及其不满》（1930 年）中第 7 章和第 8 章中也有论述。]

立在自我和自我典范之间的紧张之上，它是自我用它的批评能力进行谴责的表现。在神经症中人们熟知的自卑感可能离这种罪恶感不远。在两种我们很熟悉的疾病中，罪恶感过分强烈地被意识到；在这两种疾病中，自我典范表现得特别严厉，经常以残酷的方式激烈地反对自我。自我典范的态度在这两种情况下，即在强迫性神经症和忧郁症的情况下，除了表现出这个共同点以外，还表现出很重要的区别。

在强迫性神经症的某些形式中，罪恶感太嘈杂，但又不能面对自我为自己辩护。因而病人的自我背叛了罪恶的污名并在与这污名断绝关系时寻求医生的支持。默认这污名是愚蠢的，因为这样做是没有结果的。分析最终表明超我受到了对自我来说是未知过程的影响。发现真正在罪恶感底层的被压抑的冲动是可能的。这样，在这种情况中，超我比自我更知道无意识的本我。

在忧郁症中，超我获得了对意识的控制这种印象更为强烈。但是在这里自我不敢反对；它承认它的罪恶并甘受惩罚。我们了解这个区别。在强迫性神经症中，所谈论的是存在于自我以外的反对的冲动，而在忧郁症中，超我的惩责对象通过自居作用被带到自我之中。

为什么罪恶感在这两种神经症中能具有这么强大的力量，这确实还不清楚；但是在这种事态中谈及的主要问题在于另一方面。等我们论述了罪恶感保持无意识的另一些病例之后，我们再进行这方面的讨论。

罪恶感的问题基本上是在歇斯底里和歇斯底里式的状况中发现的。这里，使罪恶感保持无意识的机制是容易发现的。歇斯底里自我挡住令人苦恼的知觉，它的超我的批评正是用这令人苦恼的知觉来威胁它，同样，在这个令人苦恼的知觉中歇斯底里自我习惯于挡住不可容忍的对象精力贯注——依靠压抑的行为。所以，正是自我才对保持无意识罪恶感负责。我们知道，一般来说，自我的职责是按照它的超我的命令执行压抑；但歇斯底里是一种自我调转同一个武器来对抗其严厉的监工的情况。正如我们所知，在强迫性神经症中，反相形成的机制占支配地位；但是这里（在歇斯底里中）自我只是成功地对罪恶感涉及的材料保持疏远。

有人会进一步大胆地提出假设：罪恶感的大部分一般必须保持无意识，因为良心的起源与属于无意识的奥狄帕司情结有着密切的关系。如果有人喜欢提出自相矛盾的主张：一个正常人既比他所相信的更无道德，也比他所知道的更道德（这一主张的前半部分基于精神分析学的发现），那么，精神分析学是赞成起来反对后半部分的。①

无意识罪恶感的增长会使人们成为罪犯，这一发现是令人

---

① 这个主张仅仅在表面上是一个反题；它只是说人的本性无论善、恶，都有一个比它所自以为的范围——即他的自我通过意识知觉所知道的范围远为广泛的范围。

惊讶的。但这毫无疑问是一个事实。在许多的罪犯身上，特别是在年轻罪犯的身上，人们可能发现在犯罪以前存在着非常强大的罪恶感，所以罪恶感不是犯罪的结果，而是它的动机。能够把这种无意识的罪恶感施加在一些真正的、直接的事情上，这好像是一个宽慰。①

在所有这些情况中，超我表现出它对意识自我的独立性和与无意识本我的密切关系。现在，由于我们注意在自我中前意识词语的残余的重要性，于是问题是否可以这样来提：超我，就它是无意识而言，存在于这些词表象之中，如果它不存在于这些词表象之中，那它又存在于其他什么东西之中。我们初步的回答将是，如同对超我来说是不可能的那样，自我也不可能从听到的事情那里否认它的起源：因为超我是自我的一部分，并且它通过这些词表象（概念，抽象观念）使自己容易接近意识。但是贯注的精神能量没有达到来自听知觉（教学和阅读）的超我的内容，而触及了来自本我源泉的超我的内容。

我们所推迟回答的问题如下：超我是如何表明它本身基本上是一种罪恶感（或者毋宁说，是批评——因为罪恶感是自我回答这个批评的知觉），而且超我如何对自我变得特别的严厉和严格？如果我们首先着手研究忧郁症，我们就发现控制意识的

---

① ［弗洛伊德的论文《在精神分析工作中遇到的一些性格类型》的第三部分中有关于这一点的充分论述（及一些参考资料）(1916 年，《标准版全集》第 14 卷第332—333 页)。］

过分强大的超我用残忍的暴力激烈地反对自我，好像它占有了人所具有的全部施虐性。按照我们的施虐狂观点，我们应该说破坏性成分在超我中牢固地盘踞着，并转向反对自我。现在在超我中处于摇摆状态的似乎是一种死的本能的纯粹文化。事实上，如果自我不及时地通过向躁狂症的转变来挡住它的暴君，死的本能在使自我走向死亡中经常获得成功。

在强迫性神经症的某种形式中良心谴责是作为苦恼和痛苦出现的，但是这里情况的表述不那么清楚。值得注意的是与忧郁症相对照的强迫性神经症事实上从不采取自我毁灭的做法；好像他可以避免自杀的危险，他远比歇斯底里患者能更好地防止自杀。我们能够看到对象被保留的事实保证了自我的安全。在强迫性神经症中，通过向前性器恋期心理退行，爱冲动有可能把它们自己转化为向对象攻击的冲动。这里破坏本能再次获得自由并企图摧毁对象，或者至少它表现出有这种意图。这些意图没有被自我采纳，自我用反相形成和预防措施来同这些意图进行斗争；这些意图存在于本我之中。但是，超我的行动表现，给人的印象好像自我对这些意图负责，同时由于超我惩罚这些破坏意图的严肃性而显示出这些破坏意图不仅仅是被退行引起的表面现象，而且是作为爱的实际代替物的恨。自我徒劳地保护自己，但在两个方面都是毫无办法的，就像反对嗜杀成性的本我的鼓动和反对惩罚良心的谴责一样。自我至少成功地控制着两方面的最残忍的行动；就它所能达到的范围而言，第一个结果是漫无止境的自我折磨，最终又引起对对象的有系统的折磨。

在个体中对危险的死的本能的处理有不同途径：它们的一部分由于与性成分相融合而变得无害了；它们的一部分以攻击的形式转向外部世界，同时它们在很大程度上毫无疑问继续着它们没被阻碍的内部工作。那么在忧郁症中，超我是怎样成为一种死的本能的集合地点呢？

从本能控制的观点来说，从道德的观点来说，可以说本我是完全非道德的；自我力求是道德的；超我能成为超道德的，然后变得很残酷——如本我才能有的那种残酷。值得注意的是一个人越是控制他对外部的攻击性，他在自我典范中就变得越严厉——这就是越带有攻击性。普通的观点对这个情况的看法正好相反，自我典范树立起来的标准被视为抑制攻击的动机。可是，事实仍然像我们阐述的那样：一个人越是控制它的攻击性，自我典范对自我的攻击倾向就越强烈。[①]这就像移换，向他自己的自我转去。但是甚至普遍正常的道德都有一种严厉遏制的、残酷阻止的性质。确实，无情地施行惩罚的概念正产生于此。

---

① ［弗洛伊德在《作为整体的释梦的补充说明》第二章(1925 年，《标准版全集》第 19 卷第 134 页)和《受虐狂的心理经济问题》(1924 年，同上书第 170 页)中又谈到了这个反题。在《文明及其不满》第 7 章里作了更充分的论述(1930 年)。］

在没有引进新的假设时，我不能再进一步考虑这些问题。正如我们所知，超我来自父亲的自居作用，我们把这个自居作用作为一个模型。每一个这样的自居作用都具有非性欲化的性质，甚至具有升华作用的性质。好像在这样的转化发生时，一个本能的解脱同时发生。在升华作用之后性成分不再具有力量来结合曾经与它结合在一起的整个破坏性，并且这是一个以攻击倾向和破坏倾向的形式进行的释放。这个解脱会成为超我所展示的严厉、残酷的一般性格（即那个专制武断的"你必须"）的源泉。

让我们重新考虑一下强迫性神经症吧。这里的事态是不同的。爱向攻击的解脱并不是自我的工作引起的，而是在本我中发生的退行的结果。但是这个进程越出本我到达超我，超我现在对无罪的自我更加严厉。但是，看上去在这个情况中像在忧郁症的情况中一样，自我依靠自居作用控制着力比多，超我通过与力比多混合在一起的攻击手段惩罚了这样做的自我。

我们关于自我的观念开始澄清了，它的种种关系更明确了。现在我们看到了有力的自我和无力的自我。它被赋予重要的功能。凭借它与知觉系统的关系，它及时给予心理过程一个次序，使它们经受"现实检验"。[①]通过居间的思维过程，它就

---

① ［请参见《无意识》（1915年，《标准版全集》第14卷第188页）。］

保证了运动释放的延迟并控制了到达能动性的通路。[①]可以肯定，这最后的权力与其说是事实问题，倒不如说是形式问题；在行动的问题上，自我的地位就像君主立宪制的地位，没有他的许可，任何法律都不能通过，但是在把他的否决权强加在议会提出的任何方法以前，他却犹豫了很长时间。所有源自外部的生活经验都丰富了自我；但是本我是自我的第二个外部世界，自我力求把这个外部世界隶属于它自己。它从本我那里提取力比多，把本我的对象精力贯注改变为自我结构。它在超我的帮助下，以我们还不清楚的方式利用贮藏在本我中的过去的经验。

本我的内容可以通过两条道路进入自我。一条是直接的，另一条是由自我典范带领的；自我的内容采取这两条道路中的哪一条，对于某些心理活动来说，可能具有决定性的重要性：自我从觉察到本能发展为控制它们，从服从本能发展为阻止它们。在这个收获中，自我典范占据了很大的一份，实际上自我典范部分地是对抗本我的本能过程的反相形成。精神分析学是一种使自我能够逐渐征服本我的工具。

但是，从另一个观点来看，我们把这同一个自我看成一个服侍三个主人的可怜的造物，它常常被三种危险所威胁：来自

---

① ［请参见《详论心理功能的两个原则》(1911 年，《标准版全集》第 12 卷第 221 页)。］

外部世界的，来自本我力比多的和来自超我的严厉的。三种焦虑与这三种危险相符合，因为焦虑是退出危险的表示。自我作为一个边境上的造物，它试图在世界和本我之间进行调解，使本我服从世界，依靠它的肌肉活动，使得世界赞成本我的希望。从实际出发，它像一个在分析治疗中的医生一样地行动着：带着对真实世界的关注，自我把自己像一个力比多对象那样提供给本我，目的在于使本我的力比多隶属于它自己。它不仅是本我的一个助手；而且还是一个讨到主子欢喜的顺从的奴隶。它任何时候都尽可能力求与本我保持良好的关系；它给本我的无意识命令披上它的前意识文饰作用（rationalizations）的外衣；事实上甚至在本我顽固不屈的时候，它也借口说本我服从现实的劝告；它把本我与现实的冲突掩饰起来，如果可能，它也把它与超我的冲突掩饰起来。处于本我和现实中间，它竟然经常屈服于引诱而成为拍马者，机会主义者，以及像一个明白真理、但却想保持被大众拥戴的地位的政治家一样撒谎。

对两种本能，自我的态度是不公正的。通过它的自居作用和升华作用的工作，它援助本我中的死的本能以控制力比多，但是它这样做就冒着成为死的本能的对象的危险和自己死亡的危险。为了能够这样进行帮助，它必须使自己充满力比多；这样它自己才能成为爱的本能的代表，并且从此以后总是期望生活和被爱。

但是因为自我的升华作用的工作导致了本能的解脱和攻击

本能在超我中的解放，自我反对力比多的斗争就使它陷入受虐待和死亡的危险。在超我的攻击中或者可能甚至在屈服于这些攻击的苦难中，自我碰到了原生动物一样的命运，这个原生动物被自行创造出来的分解产物所摧毁。①从经济的观点来看，在超我中起作用的道德就好像是一个类似的分解产物。

在自我的从属关系中，它与超我的关系可能是最有趣的。

自我是焦虑的实际的所在地。②在来自三个方面危险的恐吓下，它通过从威胁的知觉或从被同样看待的本我中的过程中回收它自己的精神能量来发展"逃脱反射"（flight-reflex），并把这种精神能量当作焦虑放射出去。这个原始的反应以后由保护性精力贯注（恐怖症的机制）的实行所代替。我们还不能详细说明自我究竟害怕什么外部危险和什么力比多危险；我们知道这种害怕乃是属于对被颠覆或者被消灭的恐惧，但它不能通过分析来把握。③自我只不过服从快乐原则的劝告。另一方面，

---

① ﹝弗洛伊德在 1920 年讨论过这些微生物（《标准版全集》第 18 卷第 48 页），现在这些也许会被描写为"原生动物门"，而不是"原生生物"。﹞

② ﹝在焦虑的问题以后出现的问题必须与弗洛伊德在《抑制、症状和焦虑》（1926年）中表述的修正了的观点联系起来看，书中对这里提出的许多观点有了进一步论述。﹞

③ ﹝关于自我被"制服"（of an "Überwältigung"）的概念出现在弗洛伊德早期的著作中。例如在他的《防御性精神神经症》（1894 年）的第一篇论文中的第二部分提到了这概念。但是，在致弗莱斯的信中的 1896 年 1 月 1 日草稿 k 中论述神经症的机制时，他才给它以显著的地位（弗洛伊德，1950 年）。这里与《抑制、症状和焦虑》中提出的"创伤情境"（traumatic situation）有明显的联系（1920 年）。﹞

我们能够说出自我害怕超我、害怕良心的背后隐藏着的是什么。[①]进入自我典范的高级动物，曾经预示了阉割的危险，这个对阉割的恐惧可能就成了一个核心，在其周围聚集着随之而来的对良心的恐惧；就是这种阉割恐惧作为对良心的恐惧持续着。

"每一种恐惧最终都是对死亡的恐惧"，这个夸夸其谈的句子几乎没有任何意义，至少不能被证明。[②]相反，对我来说，把对死亡的恐惧与对一个对象（现实的焦虑）的恐惧和对神经症力比多的焦虑的恐惧区分开来才是完全正确的。这就使精神分析学遇到一个困难的问题，因为死亡是一个含有否定内容的抽象概念，我们不能发现任何与这概念相关的无意识。死亡恐惧的机制似乎只能看作是自我大部分放弃它的自恋力比多精神能量——这就是说，它放弃自己，正如在另一些使它感到焦虑的情况中放弃一些外部对象一样。我相信死亡恐惧是发生在自我和超我之间的某种东西。

我们知道死亡恐惧出现在两种条件下（并且这两种条件与其他种类的焦虑发生的条件完全相似），即出现在对外界危险的一种反应中，以及一种内部过程中（例如像在忧郁症中那样）。在这里神经症现象可以再一次帮助我们理解一种正常人

---

① ［"Gewissensangst"（良心谴责）。《抑制、症状和焦虑》的第7章有关于如何使用这个词的编者注释（《标准版全集》第20卷第128页）。］

② ［见斯台珂尔的著作（Stekel, 1908年）第5页。］

的现象。

忧郁症中的死亡恐惧只能有一个解释：自我放弃自己，因为它觉得自己不是被超我所爱，而是被超我所憎恨和迫害。所以，对自我来说，生存与被爱——被超我所爱——是同义的，这里超我再一次作为本我的代表出现了。超我实现保护和拯救的功能，这同一件工作在早期是由父亲来完成的，以后由上帝或命运来完成。但是，当自我发现自己处于它认为单凭自己是无力克服的过分真实的危险之中时，它一定会得出同样的结论。它看到自己被所有保护力量所抛弃，只好一死了之。而且，这里再次出现相同的情况，就像处在诞生的第一个巨大的焦虑状态①和婴儿的渴望焦虑——由于与保护他的母亲分离而产生的焦虑②——的情况一样。

这些考虑使我们有可能把死亡恐惧，像良心恐惧一样，看作是阉割恐惧的发展。在神经症中，罪恶感所具有的重大意义使得人们相信，在严重的病例中一般的神经症焦虑被自我和超我之间的焦虑生成（阉割恐惧，良心恐惧，死亡恐惧）所加强。

我们最后回到本我上来，本我没有向自我表示爱或恨的方法。它不能说什么是它所需要的；它没有获得统一的意志。爱

---

① ［《抑制、症状和焦虑》的编者序中有对这个概念的出现的论述。《标准版全集》第20卷第85—86页。］

② ［这里预示了《抑制、症状和焦虑》（1926年）中叙述的"分离焦虑"（separation anxiety）。《标准版全集》第20卷第151页。］

的本能与死的本能在本我中斗争着；我们已经看到了，一组本能使用什么武器保护自己、反对另一组本能。这就有可能把本我看作在沉默的但却强大的死的本能的控制下，死的本能的愿望是平静，（在快乐原则的促进下）使爱的本能——惹是生非者——安歇下来；不过，这样也许会低估了爱的本能的作用。

附录(一) 描述性的和动力学的无意识

疑点产生于前面第 200 页出现的句子。编者在一封来自厄尼斯特·琼斯(Ernest Jones)医生的私人通信中开始注意它，后者是在检查弗洛伊德的信件时偶然发现了这个疑点。

1923 年 10 月 28 日，在本书出版几个月以后，费伦采(Ferenczi)在给弗洛伊德的信中写道："……我还是冒昧地向你提个问题……因为《自我与本我》中有一段，没有您的解释我不能理解……在第 13 页[①]我发现了这样的话：'……在描述性的意义上有两种无意识，但在动力的意义上只有一种。'但是，因为您在第 12 页[②]写了潜伏无意识只是在描述性的意义上而不是在动力的意义上的无意识，我以为很明确，正是动力的探讨方式需要两种无意识的假说。然而，描述只知道意识与无意识就行了。"

为此弗洛伊德在 1923 年 10 月 30 日回信说："……你对《自我与本我》的第 13 页中的一段话的提问确实使我震惊。这里出现的是与第 12 页直接相反的意思；并且在第 13 页的这个句子里'描述性的'与'动力学的'已经径直变换了位置。"

但是，对这件令人吃惊的事情稍加考虑就可以提出，费伦采的批评是建立在误解上的，而弗洛伊德十分仓促地接受了它。隐藏在费伦采的叙述中的混乱不是很容易辨认的，一场更漫长的争论在所难免。但是，因为，除费伦采以外的其他人有可能陷入同样的错误之中，看来澄清这件事情是值得的。

我们从弗洛伊德后面一句话的前半句开始："在描述性的意义上有两种无意识。"这里的意思十分清楚：术语"无意识"在描述性的意义上包含了两个东西——潜伏无意识和被压抑的无意识。但是，弗洛伊德本来可以更清楚地表达这个思想。他本来可以更明白地说，在描述性的意义上有"两种无意识的东西"而不说"两种无意识[zweierlei Unbewusstes]"。实际上，费伦采显然误解了这些话：他以为术语"描述性的意义上的无意识"有两个不同的意思。就像他正确地知道的那样，这话不能被理解为：在描述性的意义上使用的术语无意识只能有一个意思——它所指的那个东西不是有意识的。在逻辑语言学里，他以为弗洛伊德说的是术语的内涵，而实际上他说的是

---

① ② 指德文版。

术语的外延。

我们现在进行弗洛伊德后面一句话的后半句的分析："但在动力的意义上只有一种[无意识]。"这里的意思仍然十分清楚：术语"无意识"在它的动力的意义上只包含一个东西——被压抑的无意识。这是再一次叙述这个术语的外延；即使它说的是它的内涵，这也仍然是正确的——术语"动力的无意识"只能有一个意思。但是，费伦采以"很明确，动力的探讨方式需要两种无意识的假说"为理由，反对这一点。费伦采再一次误解了弗洛伊德。他以为他是在说，如果我们用动力因素的观点来考察术语"无意识"，我们就会知道它只有一个意思——当然，这是与弗洛伊德论证的每一件事情都相反对的。而弗洛伊德的真正意思是所有在动力的意义上是无意识的东西（换言之：被压抑的东西）都属于一类。——在费伦采使用"无意识"（Ucs.）这个符号表示在描述性的意义上"无意识"的意义时，这个见解被搞得更混乱了，这是由于弗洛伊德自己在第167页的叙述中的疏忽所造成。

这样，弗洛伊德的后面这句话本身看来完全无可非议。但是正如费伦采所建议而弗洛伊德自己也同意的那样，它是否与前一句相抵触呢？前面一句把潜伏无意识说成"仅仅在描述性的意义上的无意识，并不在动力的意义上。"看来费伦采认为这是与后面的叙述："在描述性的意义上有两种无意识"相矛盾的。但是这两个叙述并不互相矛盾：潜伏无意识只是描述性的意义上的无意识这一事实一点儿也不含有它只是描述性的意义上的无意识这唯一的一件东西的意思。

确实，在弗洛伊德的《引论新讲》第31讲里有一段文字是在本书大约十年后写下的，在那段文字中全部争论用一些极相似的术语重复着。在那段文字中不止一次地解释了在描述性的意义上，前意识与被压抑的东西两者都是无意识的，但是在动力的意义上，这个术语却限定在被压抑的东西上面。

必须指出，互相通信发生在弗洛伊德经受了极严重的手术之后的很短几天里。他还不能写作(他的回函是口授的)，很可能他没有条件周密地考虑这个争论。似乎是这样，他经过考虑，认为费伦采的发现是个海市蜃楼似的东西，因为在本书的最近几版中这段文字一直没有改动。

附录(二)　力比多的大量储存器

　　理解这一问题是相当困难的，在前文中对这问题有较大篇幅的讨论。

　　类似的描述首次出现在《性欲理论三讲》(1905年)的第三版新增加的一章里，它发行于1915年，但在1914年秋，弗洛伊德即着手准备它的写作了。有一段写道(《标准版全集》第7卷第218页；《国际精神分析学文库》第57卷第84页)："自恋力比多或自我力比多是一个大量储存器，对象精力贯注从中发出，又再一次被收回：自我的自恋力比多精神能量是事情的原始状态，在儿童早期实行，仅被力比多新近的排出物覆盖着，但实质上却在排出物后面持续着。"

　　但是，相同的概念在弗洛伊德早期另一处得意的比拟中表述过，它有时作为"大量储存器"的替换物出现，有时则与

"大量储存器"伴随着出现。① 弗洛伊德在 1914 年上半年写的关于自恋本身的论文的这一段(1914 年,《标准版全集》第 14 卷第 15 页)里写道:"这样,我们就形成了自我的原始性力比多精神能量贯注以后从这里给予某些对象力比多贯注,但前者是基本的、持续存在的,它与后者向对象精力贯注的关系很像变形虫的身体与由它产生的伪足的关系。"

这两个类似的描述一起出现在他 1916 年底为匈牙利杂志所写的半普及性的论文(《精神分析道路上的一个困难》"A Dif-ficulty in the Path of Psycho-Analysis",1917 年,《标准版全集》第 17 卷第 139 页)中:"自我是一个大量储存器,那些预定要发向对象的力比多从中涌出,又从这些对象中涌回到大量储存器中……作为这个事态的例子,我们可以想象一条变形虫,它们的黏性原生物质产生出伪足……"

这条变形虫再次出现在《引论新讲》(1916—1917 年)的第 26 讲中,日期注明是 1917 年;而储存器再一次出现在《超越唯乐原则》(1920 年,《标准版全集》第 18 卷第 51 页;《国际精神分析学文库》第 4 卷第 45 页):"精神分析学……得出的结论是自我是力比多真正的和原始的储存器,力比多只是从这个储存器中伸向对象的。"

---

① 这个比拟的基本形式已经在《图腾与禁忌》的第三篇文章中出现过了。《图腾与禁忌》首次发表于 1913 年。见《标准版全集》第 13 卷第 89 页。

弗洛伊德把一段相当近似的文字收进了他写于1922年夏季的百科全书条目（1923年，《标准版全集》第18卷第257页）之中，接着几乎立刻着手宣布了本我，这好像是对他早期叙述的一个重大的校正："既然我们区分了自我和本我，我们就必须把本我看作力比多的大量储存器……"再有，"从一开始，所有的力比多积聚在本我中，这时，自我仍在形成的过程中，或者还很弱。本我发送一部分力比多到性对象精力贯注中去，于是长得强壮了的自我试图抓住这个对象力比多，并且把自己作为爱的对象强加于本我。自我的自恋正是这样一种继发性的自恋，它是从对象中被抽出来的"。

　　这个新的见解看来相当清楚易懂，所以它对于接下来的一句倒成了一个小小的干扰，这句话写于《自我与本我》一书发表后一年左右的《自传研究》（"Autobiographical Study"，1925年［1924年］，《标准版全集》第20卷第56页）中："在主体的生命中，他的自我一直是力比多的大量储存器，对象精力贯注从中发出，并且力比多重新从对象流回储存器。"[1]

　　诚然，这个句子出现在对精神分析理论发展作历史概述的过程中；但这里并没有指出在《自我与本我》中思想的表述改变了。最后，我们发现在弗洛伊德最后写成的著作中的一本上面，在写于1938年的《精神分析学概论》的第二章中有这样一

---

[1] 《引论新讲》的第三十二讲中有几乎相同的叙述（1933年）。

段："说清在本我和超我中力比多的行为的任何事情都是困难的。我们所知道的有关力比多的一切都与自我有关，首先，力比多的全部有用的定额储存在自我中。我们把这种状态叫做绝对原始的自恋。它一直延续到自我开始向对象观念贯注力比多，把自恋力比多转变成为对象力比多。贯穿着全部生命，自我一直是大量储存器，从中力比多精神能量向对象发送，并且它们被再次收回到储存器中来，正像变形虫用伪足行动那样。"

是否后面的这几段暗示弗洛伊德取消了他在本书中所表达的观点呢？很难相信这一点，这里有两点可能有助于调和表面上冲突的意见。第一点并不显著。"储存器"这个词的本身的性质，就是模棱两可的：一只储存器可以被看作盛水的桶，也可以被看作供水的源头。把这两种意义的想象应用在自我和本我上并没有太大的困难，如果弗洛伊德更严谨地表示出他头脑中想象的是哪一种图景，这肯定会澄清各种各样被引用的段落——特别是第 181 页的注释。

第二点较为重要。在《引论新讲》中，在本页注释中提到的那段文字后面仅有几页的地方，在探讨受虐狂的过程中弗洛伊德写道："如果真有破坏的本能，那么自我——但是这里在我们的脑子里所想的毋宁说是本我，即整个人——最初就包括所有的本能冲动……"当然，这个插入语是指事物的原来状态，在这状态中本我和自我还是未分化的。①在《概论》中有一个相似的，但是更为明确的意见，这次引用的两段在上面已经引用过了的那段之前："我们把这样的最初状态描写为爱的本能的全体有用的能量——这个能量我们今后叫它力比多——以仍未分化的自我-本我的形式存在于其中的状态……"如果我们把这个观点作为弗洛伊德理论的真正的精髓，那么在他对这个问题的表述中的表面矛盾就将减少。这个"自我-本我"本是储水桶的意义上的"力比多大量储存器"。分化以后，本我继续作为储水桶，但是当它开始发送精神能量（不论向对象还是向已分化的自我）时它另外还将处在水源的地位上。但是，这对自我同样是正确的，因为根据同一道理，它也是自恋力比多的储水桶和供给对象精力贯注的源头。

但是这最后一点把我们引向一个更进一步的问题，在这个问题上，认为弗洛伊德在不同的时候持有不同的观点似乎是不可避免的。在《自我与本我》中，"从一开始，所有的力比多积聚在本我中"；接着，"本我发送一部分力比多到性对象精力贯注中去"，自我试图通过把自己作为爱对象强加给本我来控制这个性对象精力贯注"自我的自恋正是这样一种继发性的自恋"。但是在《概论》中，"首先，力比多的全部有用的定额储存在自我之中"，"我们把这种状态叫做绝对原始的自

---

① 当然，这是人所熟悉的弗洛伊德的观点。

恋"，"它一直延续到自我开始向对象观念贯注力比多"。两个不同的过程好像在这样两个叙述中被设想出来。在第一个中，原始的对象精力贯注被认为直接出自本我，仅仅间接达到自我；在第二个中，全部力比多被认为是出于本我到达自我，而仅仅间接到达对象。这两个进程似乎不是互不相容，两种都发生也是可能的；但对这个问题弗洛伊德保持沉默。

书目索引

（本索引系《自我与本我》标准版全集单行本所附书目）

J·布罗伊尔和 S·弗洛伊德：（见《S·弗洛伊德的著作》，1895。）

S·费伦采：《现实感发展的各个时期》（见《精神分析的最初文献》第 8 章，伦敦，1952。）

S·弗洛伊德：

1891：《论失语症》（伦敦和纽约，1953。）

1894：《防御性精神神经症》（《论文集》第 1 卷第 59 页；《标准版全集》第 3 卷第 43 页。）

1895：《歇斯底里研究》（《标准版全集》第 2 卷。包括布罗伊尔写的论文。）

1896：《续论防御机制的精神神经症》（《论文集》第 1 卷第 155 页；《标准版全集》第 3 卷第 159 页。）

1900：《释梦》（伦敦和纽约，1955；《标准版全集》第 4—5 卷。）

1905：《戏谑及其与无意识的关系》（伦敦，1960；《标准版全集》第 8 卷。）

1905：《性欲理论三讲》（《标准版全集》第 7 卷第 125 页。）

1907：《强迫行为和宗教实践》（《论文集》第 2 卷第 25 页；《标准版全集》第 9 卷第 116 页。）

1908：《性格与肛欲》（《论文集》第 2 卷第 45 页；《标准版全集》第 9 卷第 169 页。）

1910：《列奥那多·达·芬奇和他的一个童年记忆》（《标准版全集》第 11 卷第 59 页。）

1910：《论视觉的心因性障碍的精神分析观点》（《论文集》第 2 卷第 105 页；《标准版全集》第 11 卷第 211 页。）

1911：《详论心理功能的两个原则》（《论文集》第 4 卷第 13 页；《标准版全集》第 12 卷第 215 页。）

1911：《关于偏执狂病例（妄想痴呆患者）的自述的精神分析说明》（《论文集》第 3 卷第 387 页；《标准版全集》第 12 卷第 3 页。）

1912：《精神分析中的无意识说明》（《论文集》第 4 卷第 22 页；《标准版全集》第 12 卷第 257 页。）

1912—1913：《图腾与禁忌》（伦敦，1950；纽约，1952；《标准版全集》第 13 卷第 1 页。）

1914：《自恋导论》（《论文集》第 4 卷第 30；《标准版全集》第 14 卷第 69 页。）

1915：《本能及其变化》（《论文集》第 4 卷第 60 页；《标准版全集》第 14 卷第 111 页。）

1915：《无意识》（《论文集》第 4 卷第 98 页；《标准版全集》第 14 卷第 161 页。）

1916：《在精神分析工作中遇到的一些性格类型》（《论文集》第 4 卷第 318 页；《标准版全集》第 14 卷第 311 页。）

1916—1917：《精神分析引论》（再版，伦敦，1929，《精神分析的一般导论》纽约，1935；《标准版全集》第 15—16 卷。）

1917：《精神分析途中的一个困难》（《论文集》第 4 卷第 347 页；《标准版全集》第 17 卷第 137 页。）

1917：《关于梦的理论的元心理学补充》（《论文集》第 4 卷第 137 页；《标准版全集》第 14 卷第 219 页。）

1917：《忧伤和忧郁症》（《论文集》第 4 卷第 152 页；《标准版全集》第 14 卷第 239 页。）

1920：《超越唯乐原则》（《标准版全集》第 18 卷第 3 页。）

1921：《关于 J·瓦伦东克的〈白日梦心理学〉的介绍［英文］》（伦敦；《标准版全集》第 18 卷第 271 页。）

1921：《集体心理学和自我的分析》（《标准版全集》第 18 卷第 67 页。）

1922：《嫉妒、偏执狂和同性恋的心理机制》（《论文集》第 2 卷第 232 页；《标准版全集》第 18 卷第 223 页。）

1922：《关于无意识的评论》（收在 1923 年的著作中。见《标准版全集》第 19 卷第 3 页。）

1923：《二则百科全书条目》（《论文集》第 5 卷第 107 页；《标准版全集》第 18 卷第 235 页。）

1923：《自我与本我》（伦敦，1927；《标准版全集》第 19 卷第 3 页。）

1923：《婴儿性心理发展》（《论文集》第 2 卷第 244 页；《标准版全集》第 19 卷第 141 页。）

1924：《神经症与精神病》（《论文集》第 2 卷第 250 页；《标准版全集》第 19 卷第 149 页。）

1924：《受虐狂的心理经济问题》（《论文集》第 2 卷第 255 页；《标准版全集》第 19 卷第 157 页。）

1924：《奥狄帕司情结的分解》（《论文集》第 2 卷第 269 页；《标准版全集》第 19 卷第 173 页。）

1924：《神经症和精神病中的现实丧失》（《论文集》第 2 卷第 277 页；《标准版全集》第 19 卷第 183 页。）

1925：《自传研究》（伦敦，1935；《自传》，纽约，1935；《标准版全集》第 20 卷第 3 页。）

1925：《作为整体的释梦的补充说明》（《论文集》第 5 卷第 150 页；《标准版全集》第 19 卷第 125 页。）

1925：《两性结构特点引起的心理后果》（《论文集》第 5 卷第 186 页；《标准版全集》第 19 卷第 243 页。）

1926：《抑制、症状和焦虑》（《标准版全集》第 20 卷第 77 页。）

1926：《非专业的分析学》（伦敦，1947；《标准版全集》第 20 卷第 179 页。）

1927：《幽默》（《论文集》第 5 卷第 215 页；《标准版全集》第 21 卷第 161 页。）

1928：《陀思妥耶夫斯基和弑父者》（《论文集》第 5 卷第 222 页；《标准版全集》第 21 卷第 175 页。）

1930：《文明及其不满》（伦敦，1930；纽约，1961；《标准版全集》第 21 卷第 59 页。）

1933：《引论新讲》（伦敦和纽约，1933；《标准版全集》第 22 卷。）

1939：《摩西和一神教》（伦敦和纽约，1939；《标准版全集》第 23 卷。）

1940：《精神分析学概论》（伦敦和纽约，1949；《标准版全集》第 23 卷。）

1950：《精神分析的起源》（伦敦和纽约，1954；部分收入《标准版全集》第 1 卷中的《科学的心理学规划》。）

G·格罗代克　1923：《论本我》（维也纳）

E·琼斯　1957：《西格蒙德·弗洛伊德的生平和著作》（伦敦和纽约，第3卷第 ix, xvi 页。）

H·曼斯特伯格　1908：《价值的哲学》；《一种世界观的概论》。

O·兰克　1913：《刺客心理中的"家庭小说"》（莱比锡，《国际精神分析学杂志》第1卷第565页。）

J·里克曼　1937：《西格蒙德·弗洛伊德著作选集》（伦敦，第 xvii 页。）

W·斯台珂尔　1908：《神经质恐惧状态及其行为》（维也纳）

J·瓦伦东克　1921：《白日梦心理学》（伦敦）

图书在版编目(CIP)数据

自我与本我/(奥)弗洛伊德(Freud,S.)著;林
尘,张唤民,陈伟奇译. —上海:上海译文出版社,
2011.9(2025.7重印)
(译文经典)
书名原名:Ego & Id
ISBN 978 - 7 - 5327 - 5542 - 4

Ⅰ.①自… Ⅱ.①弗… ②林… ③张… ④陈… Ⅲ.
①精神分析 Ⅳ.①B84 - 065

中国版本图书馆 CIP 数据核字(2011)第 150931 号

Sigmund Freud

Ego & Id

自我与本我
〔奥〕西格蒙德·弗洛伊德 著 张唤民 陈伟奇 林 尘译
责任编辑 /张吉人 装帧设计 /张志全

上海译文出版社有限公司出版、发行
网址:www.yiwen.com.cn
201101 上海市闵行区号景路 159 弄 B 座
山东临沂新华印刷物流集团有限责任公司印刷

开本 787×1092 1/32 印张 9 插页 5 字数 145,000
2011 年 9 月第 1 版 2025 年 7 月第 24 次印刷
印数:109,201—113,200 册

ISBN 978 - 7 - 5327 - 5542 - 4
定价:45.00 元